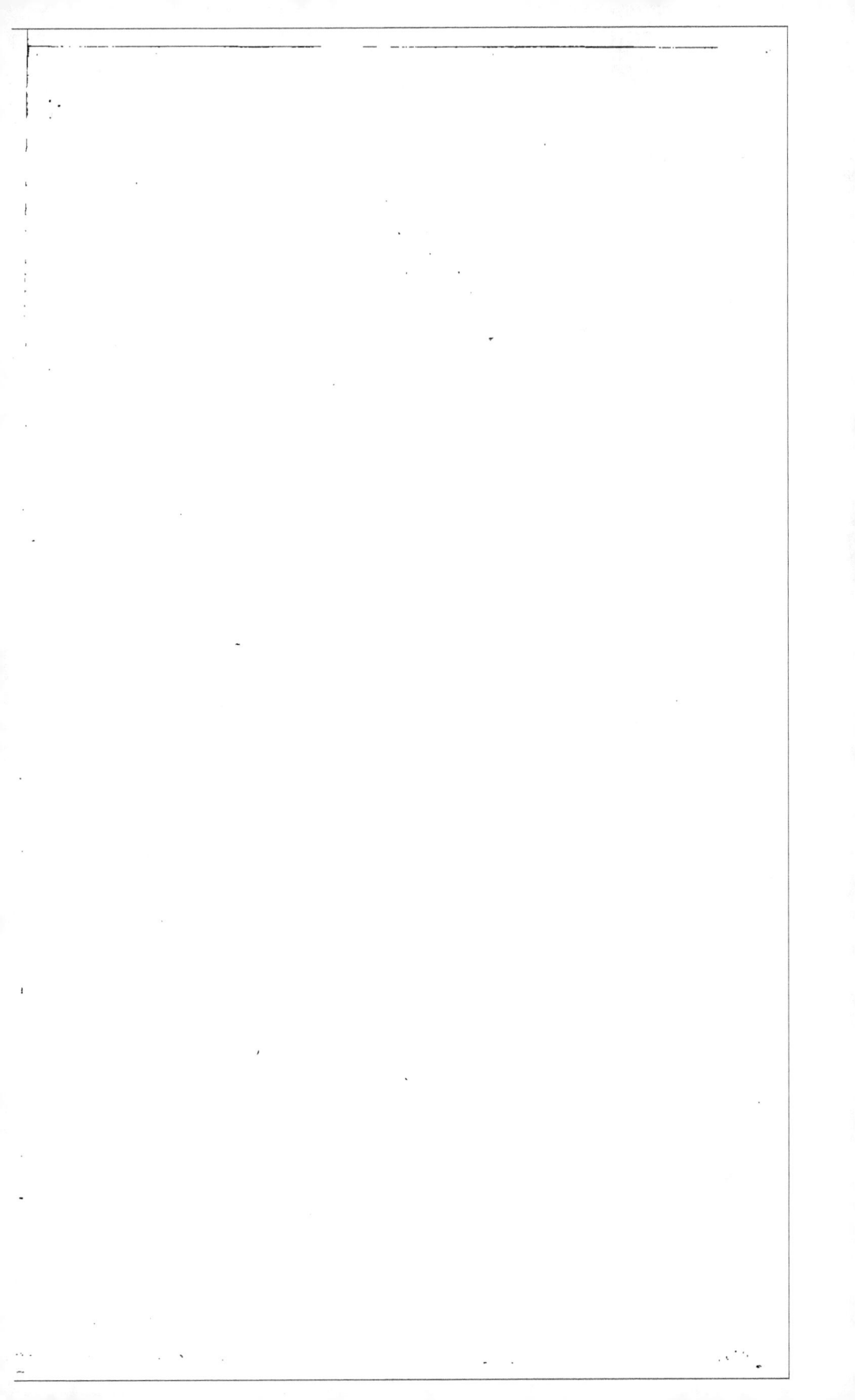

DE LA FÉCONDATION

DANS LES

PHANÉROGAMES

Paris. — A. PARENT, imprimeur de la Faculté de médecine, rue Monsieur-le-Prince, 31.

DE LA FÉCONDATION

DANS LES

PHANÉROGAMES

PAR

EUGÈNE FOURNIER

Licencié ès-sciences naturelles,
Lauréat de la Faculté (École pratique, médaille d'or, 1860),
Ancien interne Lauréat des Hôpitaux,
Secrétaire de la Société botanique de France,
Archiviste de la Société de Biologie.

THÈSE

Présentée au Concours d'agrégation

(SECTION D'HISTOIRE NATURELLE)

PARIS

F. SAVY, LIBRAIRE-ÉDITEUR

24, RUE HAUTEFEUILLE, 24.

—

1863

JUGES

MM. DENONVILLIERS. ~ | MM. ROBIN.
     GAVARRET.   BALARD.
     WURTZ.   CHATIN.
     BOUCHARDAT.   BAILLON.
     LONGET.

CANDIDATS

Physique.	Sciences naturelles.	Pharmacologie.
DESLEONET.	FOURNIER.	HÉBERT.
DESPLATS.	DE SEYNES.	NAQUET.
MORIN.	VAILLANT.	

A M. LASÈGUE

Conservateur des Collections botaniques au Musée Delessert.

AVANT-PROPOS

Le plan qui sera suivi dans cette thèse est très-simple. L'auteur y présentera d'abord l'exposé historique de la question ; puis la description succincte des organes nécessaires à la fécondation ; il traitera ensuite des circonstances qui facilitent ou entravent cette fonction, des divers actes physiologiques dont elle se compose, et des phénomènes qui l'accompagnent et la suivent. Les deux chapitres consécutifs seront consacrés : l'un à i étude, si importante aujourd'hui, des fécondations croi-

sées et de quelques questions qui s'y rattachent;
l'autre à la discussion des faits invoqués contre
la nécessité de la fécondation, et à l'examen de
la théorie de la parthénogénèse. Le travail sera
terminé par un index bibliographique.

DE LA FÉCONDATION

LES PHANÉROGAMES

CHAPITRE PREMIER.

Exposé historique.

On doit distinguer, dans l'histoire des opinions émises sur la fécondation des végétaux phanérogames, trois périodes, pendant lesquelles l'esprit humain a successivement soupçonné l'existence, puis reconnu les organes, et enfin pénétré le mécanisme de cette fonction.

§ 1er. — L'observation de quelques faits vulgaires força certains écrivains de l'antiquité à concevoir une idée confuse de la sexualité des végétaux, et de l'influence exercée par les sexes l'un sur l'autre. Il est question dans Hérodote (1) des Dattiers mâles et femelles, et d'une sorte de

(1) Liv. I, § 193.

fécondation artificielle que les Babyloniens pratiquaient sur ceux-ci. Aristote, à la fin du premier livre de son *Traité sur la génération des animaux*, trace un parallèle entre eux et les végétaux, chez lesquels il reconnaît des sexes en vertu de certaines considérations spéculatives. Théophraste parle aussi des Palmiers, et tombe à leur sujet dans des contradictions et des erreurs fort remarquables : tantôt (1) il expose que les fruits de ces arbres sont portés soit par des mâles, soit par des femelles, et présentent dans ces deux cas certaines différences ; tantôt (2), revenant à des idées plus saines, il dit que les fruits ne peuvent se développer sur le Palmier femelle, à moins qu'on n'ait secoué sur lui la poussière des fleurs mâles. C'est ce que Pline a développé dans le passage suivant (3), copié par plusieurs auteurs du xvie siècle :

« Arboribus, immo potius omnibus quæ terra gignat, her-« bisque etiam, utrumque sexum esse diligentissimi naturæ « tradunt : quod in plenum satis sit dixisse hoc loco : nullis « tamen arboribus manifestius. Mas in palmite floret, fe-« mina citra florem germinat tantum spicæ modo.... Cetero « sine maribus non gignere feminas sponte edito nemore « confirmant : circaque singulos plures nutare in eum pro-« nas blandioribus comis. Illum erectis hispidum afflatu « visuque ipso *et pulvere* reliquas maritare : hujus arbore « excisa viduas post sterilescere feminas. »

Dans le iiie ou ive siècle de notre ère, Cassianus Bassus exprime des idées analogues (4). Voici la traduction de ce

(1) *Hist. plant.*, éd. de Stapel, p. 91.
(2) *De Causis*, lib. iii, cap. xxiii.
(3) *Hist. natur.*, éd. de Hardouin, 1741, t I, p 683.
(4) Lib. x, cap. iv.

passage, telle que la donne Stapel, commentateur de'
Théophraste :

« Palma ipsa amat et quidem ardenter alteram palmam,
« velut Florentinus in Georgicis suis tradit, neque prius
« desiderium in ipsa cessat, donec ipsam dilectus conso-
« letur....... Medela igitur amoris est, ut agricola fre-
« quenter masculam contingat, et manus suas amanti ad-
« moveat, et maxime ut flores de capite masculæ ademptos
« in caput amantis imponat; hoc namque modo amorem
« mitigat....... »

Les poëtes ont plusieurs fois célébré les amours des
plantes. On lit dans Claudien (*In nupt. Honor. et Mar.*,
v. 45) :

Vivunt in Venerem frondes, omnisque vicissim
Felix arbor amat; nutant ad mutua Palmæ
Fœdera.....

Un peu après l'époque de la renaissance des lettres,
en 1505, le poëte Jovius Pontanus a décrit en vers élé-
gants les amours de deux Palmiers qui vivaient de son
temps à Brindes et à Otrante, et dont le mâle a fécondé
la femelle lorsque l'un et l'autre sont parvenus à une hauteur suffisante pour s'élever au-dessus des arbres qui les
entouraient.

J'interromprai un instant l'ordre chronologique pour
rapprocher de ces observations celles de Prosper Alpin
et de Boccone. Prosper Alpin avait observé en Égypte la
fécondation artificielle des Dattiers; il en parle dans les
termes suivants (1) : « Hæc arbor alternis tantum annis co-

(1) *Hist. nat. Ægypt.*, II, p. 14-15.

«piosiores fructus edit, neque, quod dictu valde mirabile
«videtur, feminæ concipiunt ac fructificant ni in ramis
«maris feminæ ramos aliquis promiscuerit ac se quasi oscu-
«lari permiserit. Plerique feminas ut fecundent non ramos
«sed pulverem intra maris involucrum inventum supra
«feminarum ramos.... spargunt..... Ni etiam Ægyptii hoc
«fecerint, sine dubio feminæ vel nullos fructus ferent, vel
«quod ferent non retinebunt, neque hi maturescent.»

Guilandinus avait déjà rapporté, en 1557, des faits
analogues. Boccone, près de cinquante ans plus tard,
vit pratiquer en Sicile la fécondation artificielle d'un Pistachier; il remarqua qu'on ne faisait pas cette opération
quand les arbres de sexe différent étaient voisins; et il
ajoute : « Vento enim pulverem fecundantem advehi (1). »

Ces citations suffisent pour prouver que les auteurs
anciens avaient admis le principe de la fécondation végétale. Reste à savoir comment on le concevait. On va
voir par quelques exemples combien cette conception était
confuse.

Césalpin, après avoir nié l'existence de sexes différents
dans les plantes, revient sur sa première opinion, et s'exprime ainsi (2) :

«Sunt etiam herbæ quædam, in quibus amentaceum quid
«oritur sine ulla spe fructus; steriles enim omnino sunt.
«Quæ autem fructum ferunt, non florent, ut *Oxycedrus*,
«*Taxus*, et in genere herbaceo *Mercurialis*, *Urtica*, *Can-*
«*nabis;* quorum omnium steriles mares vocant, feminas
«autem fructiferas : quod ideo fieri videtur, quia feminæ

---

(1) *Museo di piante rare*, p. 282; 1697.
(2) *De Plantis*, lib. 1, p. 15; 1583.

« materia temperatior fit, maris autem calidior; quod enim
« in fructum transire debuisset, ob superfluam caliditatem
« evanuit in flores. In eo tamen genere feminas melius pro-
« venire et fecundiores fieri aiunt, si juxta mares ferantur,
« ut in Palma est animadversum, *quasi halitus quidam ex*
« *mare efflans debilem feminæ calorem expleat ad fructi-*
« *ficandum.* »

Je n'ai pas pu consulter l'ouvrage de Patrizio, contem-
porain de Césalpin, et qui, d'après De Candolle (1), a aussi
soutenu l'existence des sexes dans les plantes; mais j'ai été
assez heureux pour trouver dans la Bibliothèque Delessert,
qui abonde en livres précieux, un exemplaire du traité de
Zaluzianski, qui était resté inconnu à De Candolle. Dans
ce livre, intitulé *Methodi herboriæ libri tres*, et imprimé
à Prague en 1592, il existe un chapitre spécial *de Sexu
plantarum*. Ce chapitre n'est guère qu'une paraphrase du
passage de Pline cité plus haut; cependant on y trouve
quelques indications de plus, et notamment celle des plantes
hermaphrodites. « Quædam enim singulæ et per se aliud
« generandi facultatem habent permistis maris et feminæ
« principiis, idque optimo naturæ consilio. Cum enim ge-
« neratio proficiscatur ab agente in patientem, natura operi
« suo plantarum, cui motum negasset, actionis hujus et pas-
« sionis primordia proportionalia conjunctim indidit, ut in
« se fœtent et concipiant..... In aliorum genere non nisi
« binæ simul generant, quæ dividuuntur in marem et femi-
« nam, etc. »

Ainsi, jusqu'à la fin du xviie siècle, tout ce que l'on trouve
touchant notre sujet dans les auteurs les plus accrédités,

(1) *Physiologie végétale*, II, 500.
Fournier.   2

c'est l'observation de la fécondation artificielle des Dattiers et des Pistachiers, et d'une poussière possédant des propriétés fécondantes. Malpighi n'a pas connu les sexes des végétaux ; il croit que les étamines ne servent qu'à l'élaboration et à la dépuration des humeurs ; il regarde les fleurs comme une sorte d'émonctoire, et c'est à ce point de vue qu'il en compare les exhalaisons aux menstrues.

§ II. — C'est en 1682 que l'on trouve pour la première fois, dans l'ouvrage de Grew (1), l'indication des fonctions du pollen. Toutefois il faut ici distinguer entre les diverses opinions de l'auteur. Dans le premier livre de son ouvrage, il ne reconnaît à la poussière pollinique d'autre utilité que de servir à la nourriture de certains insectes. Mais dans le livre IV, chap. 5, p. 171, *On the use of the attire*, il rapporte le sentiment du professeur Sir Thomas Millington, d'après lequel le cœur des fleurs doit remplir les fonctions de mâle. Il développe ensuite une théorie fort curieuse. Il étudie particulièrement les fleurons des Composées (Tanaisie, etc.), et pense que chaque fleuron doit être considéré comme un appareil femelle avant de s'ouvrir, et comme un appareil mâle après son épanouissement ; et cela, dit-il, à cause de la forme des organes, *car le style ne ressemble pas mal à un petit pénis*, entouré de sa gaîne préputiale. Or cette gaîne est précisément le tube qui porte les anthères soudées, anthères dont il compare les loges à

(1) *The Anatomy of plants*, ed. de Rawlins. C'est à la même époque que Bohart, directeur du Jardin botanique d'Oxford, montra, par des expériences sur le *Lychnis dioica*, la nécessité du concours du mâle et de la femelle pour la formation des graines.

des testicules, et le pollen au sperme. Dès que le pénis est exsert, ajoute-t-il, ou que les testicules s'ouvrent, cette poussière tombe sur l'ovaire, et la fécondation a lieu. Nous croyons nécessaire de citer encore *in extenso* ce passage :

« And as the young and early attire before it opens, « answers to the menses in the femal ; so it is probable that « afterward when it opens or cracks, it performs the office « of the male. This is hinted from the shape of the parts. « For in the florid attire, the blade doth non unaptly re- « semble a small penis, with the sheath upon it, as its præ- « putium. And in the seed-like attire, the several thecæ « are so many little testicles. And the globulets and other « small particles upon the blade or penis, and in the thecæ, « are as the vegetable sperme, which, so soon as the penis « is exerted, or the testicles come to break, falls down « upon the seed-case or womb, and so touches it with a « prolifick virtue. »

Plus loin, l'auteur ajoute qu'il ne faut pas s'étonner si les éléments spermatiques ne pénètrent pas dans la cavité femelle, et il rappelle ce qui se passe dans l'imprégnation des poissons.

Ray rapporta, en la soutenant, l'opinion exprimée par Grew sur la fécondation du pollen (1); il cite, parmi les végétaux à fleurs unisexuées, les Palmiers, les Saules, le Houblon, le Chanvre, le *Theligonum Cynocrambe,* la Mercuriale, l'Ortie, l'Épinard. Ces documents attestent des progrès sérieux dans l'observation. Quelques années plus tard, dans la préface de son *Sylloge stirpium extra Britannias nascentium,* il dit expressément (1694) : « Apices

(1) *Hist. plant.,* t. I, p. 17; 1686.

«floris principua pars sunt cum pollinem contineant, nostra «sententia spermati animalium analogum, vi prolifica do-«natum et seminibus fecundandis inservientem. » Christophe Sturm, en 1687, avait déjà donné quelques ré-flexions sur ces faits, que reprend, en les développant, Rod.-Jac. Camerarius, professeur à Tubingue, dans une dissertation célèbre publiée sous forme de lettre, où plusieurs auteurs ont vu le premier germe de la théorie sexuelle. Il y publia des expériences intéressantes. Il a enlevé les étamines du Ricin avant leur déhiscence, et n'a pas vu la graine se former ; il a fait une expérience analogue sur le Maïs ; il distingue très-bien les plantes hermaphrodites des monoïques et des dioïques ; enfin, après s'être exprimé comme les auteurs précédents au sujet des étamines, il est plus exact sur les organes femelles, qui consistent pour lui dans l'ensemble du pistil : «Hos uti apices «seminis masculi officinam, ita seminale vasculum cum «sua plumula sive stylo partes genitales, femino sexui com-«petentes, plantæ pariter exhibent.» Plus loin : «Cum flo-«ridi apices omnes, quemcunque etiam respectum habeant «ad stylos, conveniant in aspersione globulosi pollinis su-«per ipsos, natura autem superficiarium genituræ et ovi «contactum sufficientem pro fecundatione hujus evidenti «modo exemplo demonstraverit, quis vitio vertet vagum «floris pollinem destinari seminum vesiculis fecundandis.» Il raconte ensuite que le *Pyrus dioica* ne porte pas de graines, parce qu'il manque d'anthères, et qu'ayant cultivé des pieds femelles de Chanvre bien séparés de tout pied mâle, il a été fort étonné de leur voir porter des fruits. Nous reviendrons sur ce sujet dans la suite de ce travail.

Quelques années plus tard, les fonctions du style sont plus nettement indiquées encore par Burckardt (1), qui s'exprime ainsi : « Nolo in recensenda istarum partium « confirmatione multus esse, nec ostensurus sum quomodo « per partes istas contingat, sive quomodo vel ipsius « plantæ rudimentum e vesiculis seminalibus ministerio « pollinis, ceu seminis fecundantis, per stylum, tanquam « vaginam, in capsulam seminalem, veluti ovarium, de-« feratur. »

L'existence des sexes dans les végétaux est dès lors généralement reconnue par les naturalistes ; si elle rencontre encore quelques incrédules, comme Tournefort, qui nie presque la fécondation (2), cependant elle est professée publiquement, dès 1717 (3), par Sébastien Vaillant au Jardin du Roi, confirmée par les expériences de Blair en 1720 (4), et de Bradley (5) en 1724, et ne peut être sérieusement ébranlée par la théorie de Pontedera. Ce dernier botaniste prétendait que le pollen ne va point sur le stigmate, mais que les sucs formés dans les anthères reviennent par les filets jusqu'au fruit. Il explique l'action des Palmiers mâles par les insectes attachés sur leurs rameaux et la compare à la caprification des Figuiers (6).

Enfin la théorie sexuelle, célébrée poétiquement par

(1) *Epistola ad Leibnitzium de caractere plantarum naturali*, ed. I, 1702, p. 26.

(2) *Instit. rei herb.*

(3) Séb. Vaillant, *Sermo de structura florum*, etc., 1718.

(4) *Bot. essays*. London, 1720.

(5) *New experiments and observations, relating to the generation of plants*. London, 1724, in-8.

(6) *Anthologia, sive de floris natura libri tres, plurimis inventis observationibusque ac œneis tabulis ornati*, 1720, in-4.

Lacroix (1), admise par Tremblay dans ses thèses sur la
végétation (Genève, 1734), est solidement établie par
Linné, en 1735, dans ses *Fundamenta botanica*, et lui
sert, en 1737, à édifier son système sexuel, dont il n'est
pas de notre sujet de rappeler l'importance et le succès.
Les expériences de Spallanzani sur la production de
graines sans fécondation préalable, plusieurs fois répétées
depuis avec des résultats divers, et qui seront appréciées
dans un chapitre particulier de cette thèse, n'ont rien prouvé
contre la généralité de la fécondation, pas plus que les expériences de M. de Siebold sur les Abeilles et les Pucerons
n'ont détruit l'idée qu'on se faisait de la reproduction des
animaux. Quant aux théories obscures de Schelver (1812),
de Henschel (1820) et de quelques autres auteurs, c'est
à peine s'il est besoin aujourd'hui de les rappeler. Schelver (2), que Gœthe honora d'un suffrage peu mérité, pré-
tendit que le pollen, en tombant sur le stigmate, exer-
çait sur lui une action délétère, et faisait refluer vers les
ovules des sucs qui auraient pu prendre une autre route,
ce qui en amenait le développement. Henschel (3) écrivit
sur le même sujet un livre fort obscur où l'on voit qu'il
partageait les étranges opinions du précédent auteur. Treviranus (4) publia un travail spécial pour les réfuter tous
deux, et la doctrine de l'existence des sexes, après avoir
triomphé dans cette polémique, ne rencontra plus guère de
contradicteur que Turpin.

(1) *Connubia florum latino carmine demonstrata.* Paris, 1728.
(2) *Kritik der Lehre von den Geschlechtern der Pflanze.* Heidelberg, 1812.
(3) *Von den Sexualität der Pflanzen,* 1820.
(4) *Die Lehre von Geschlechte der Pflanzen.* Bremen, 1822.

Cet auteur expose, dans son Iconographie, que le pistil, dans lequel on a cru voir l'organe femelle, n'est qu'un bourgeon entièrement analogue à celui qui se rencontre à l'aisselle des feuilles ; que l'étamine est un pistil rudimentaire, le filet un gynophore, et chaque grain de pollen un ovule stérile. Heureusement cette étrange hypothèse n'arrêta pas les progrès de la science, que les Amici et les Brongniart étaient en train de fonder sur les observations microscopiques les plus minutieuses.

§ III. — Il est extrêmement intéressant de suivre les progrès successifs de la science dans l'étude du pollen et de son action. Bien que cette action fût reconnue généralement en principe, sinon dans son essence intime, au commencement du xviii° siècle, cependant l'autorité de Leeuwenhoek faillit entraîner les esprits hors de la bonne voie. Ce physiologiste croyait, comme on sait, avoir trouvé dans les spermatozoïdes des animaux l'origine de leur embryon. Cette opinion fut transportée au règne végétal, et, dès 1703, Samuel Morland (1) avança que les grains de pollen pénétraient eux-mêmes dans le canal central du style, et venaient se loger dans l'ovule, pour y donner naissance à l'embryon. Cette opinion était fondée sur une observation bien curieuse. Morland avait reconnu dans certaines Papilionacées, et notamment sur les Fèves, la trace d'une ouverture par laquelle, selon lui, le grain de pollen avait dû pénétrer dans la graine quand elle était jeune. C'était cette ouverture que Turpin devait, plus d'un

(1) *Trans. phil.*, 1703, n° 287, p. 1474 ; et *Act. erudit.*, 1705, p. 275.

siècle après, décrire sous le nom de micropyle. L'opinion de Morland fut bientôt renversée; on vit que le canal stylaire central n'existe que dans un petit nombre de plantes, et que le plus souvent on ne trouve au-dessus de l'ovaire aucun canal propre à transmettre des corps aussi gros que des grains de pollen. On revint alors à une opinion plus rapprochée de la vérité. Geoffroy (1), Hill (2), et plusieurs auteurs de la même époque, admirent que la partie la plus subtile du pollen seule parvenait jusqu'aux ovules pour y former l'embryon (3). Antoine de Jussieu, en 1721 (4), et Needham, en 1759 (5), virent sortir des grains de pollen mouillés une traînée de globules; Needham dit que ces globules pénètrent jusqu'à l'ovule pour y former l'embryon. Gleichen (6), en 1764, fait les premières observations sur le développement du pollen, et partage l'opinion de Needham. Viennent ensuite Kœlreuter (7)

(1) *Mémoires de l'Académie des sciences de Paris*, 1711, p. 272.

(2) *Outlines. of a system of vegetable generation.* London, 1758.

(3) Vaillant va même jusqu'à soutenir que le pollen ne peut pénétrer jusqu'aux ovules, bien que ceux-ci existent avant la fécondation, parce qu'ils sont clos de toute part par un tégument particulier.

(4) *Dissertatio de analogia inter plantas et animalia.* Londini, 1721, in-4.

(5) *Observations upon the generation, composition and decomposition of animal and vegetable substances.* London, 1749, in-4.

(6) *Das Neuste aus dem Reiche der Pflanzen oder mikroscopische Untersuchungen und Beobachtungen der geheimen Zeugungstheile der Pflanzen*, etc. Nuernberg, 1764.

(7) *Vorlæufige Nachricht von einigen das Geschlecht der*

et Gærtner (1), lesquels, malgré les succès qu'ils avaient obtenus dans les fécondations artificielles, croient que la fovilla disparaît dans le grain de pollen arrivé à une maturité complète.

Nous arrivons enfin à l'époque moderne, où l'observation exacte fait justice de toutes les observations erronées que nous venons de rapporter, et qui s'ouvre brillamment, au point de vue qui nous occupe, par la découverte du tube pollinique, due au savant Amici (2), dont les observations, contredites par Guillemin (3), furent confirmées bientôt par le mémoire si connu de M. Ad. Brongniart (4) et par les travaux de Robert Brown (5). D'après Amici, le tube pollinique se met en contact avec l'ovule ; M. Brongniart n'adopta pas cette opinion, et pensa que le tube, après un trajet plus ou moins long, éclatait au milieu du tissu conducteur, de telle sorte que les granules de la fovilla, mis à nu, descendaient jusqu'aux ovules par les méats intercellulaires. Cette manière de voir dut être abandonnée après des recherches subséquentes, et le contact du tube

---

Pflanzen betreffenden Versuchen und Beobachtungen. Leipzig, 1761.

(1) *De Fructibus et seminibus plantarum,* 1788, p. 29.

(2) *Ann. sc. nat.,* 1re série, t. II, p. 65.

(3) *Id.   id.,*   t. IV, p. 352.

(4) *Mémoire sur la génération et le développement de l'embryon dans les végétaux phanérogames ; Ann. sc. nat.,* 1re série, t. XII, p. 14, 145, 225.

(5) *A brief account of microscopical observations made in the months of June, July and August. 1827, on the particles contained in the pollen of plants ; and on the general existence of active molecules in organic and inorganic bodies.* London, 1828 ; et *Ann. sc. nat.,* 1re série, t. XIV, p. 341.

pollinique avec l'ovule, et spécialement avec le nucelle, vers lequel il s'insinue par le micropyle, fut généralement reconnu. Cela une fois admis, les observateurs se partagèrent encore. Les uns reproduisirent, en la perfectionnant, l'ancienne théorie de Leeuwenhoek, qui attribuait à l'élément mâle l'origine de la formation embryonnaire. Le célèbre Agardh, cité par A. de Saint-Hilaire (1), disait que les grains de pollen n'étaient pas autre chose que des embryons germant sur le stigmate. Horkel (2), et surtout son neveu Schleiden, inventeur de la théorie qui porte encore son nom, pensèrent le prouver. Suivant Schleiden, et d'après des observations faites d'abord sur le *Phormium tenax* (3), le tube pollinique, parvenu jusqu'au nucelle, pénètre dans ce dernier en s'insinuant entre les cellules, parvient au sac embryonnaire, le repousse, et refoule sur elle-même la membrane qui le ferme ; bientôt l'extrémité du tube pollinique, cachée dans le sac embryonnaire, se renfle et se développe en embryon. Plusieurs observateurs, au nombre desquels il faut compter MM. Wydler, de Martius, Meyen (4), Griffith (5), Gélesnow (6) et M. Tulasne confirmèrent cette théorie dès son

(1) *Leçons de morphologie végétale*, p. 581.

(2) *Historische Darstellung von der Lehre von den Pollenschlauchen* (*Monastbericht der Berl. Akademie,* 1836).

(3) *Nova acta nat. cur.,* t. IX, 1839, n° 38 ; et *Ann. sc. nat.,* 2e série, t. XI, p. 134.

(4) *Ueber den Befruchtungsact und die Polyembryonie;* Berlin, 1840 ; et *Ann. sc. nat.,* 2e série, t. XV, p. 212.

(5) *Sur le développement des ovules du* Santalum, *Ann. sc. nat.,* 2e série, XI.

(6) *Bildung des Embryo und Sexualitæt der Pflanzen ;* in *Bot. Zeit,* 1843, p. 841.

début et en principe, tout en différant de M. Schleiden sur des détails importants. Ainsi M. Wydler, qui réduit les sexes des végétaux à un seul, le sexe femelle, n'a jamais pu voir, dans aucune des soixante familles sur lesquelles il a fait ses observations, le sac embryonnaire refoulé sur lui-même; mais il lui a semblé, dit-il, que ce même sac était ouvert à sa partie supérieure, et communiquait par un canal étroit avec le micropyle. M. de Martius a pensé aussi que le tube ne refoule point le sac, mais trouve dans le nucelle une cellule prédisposée à le recevoir. Le système embryogénique de M. Endlicher, et les vues particulières émises autrefois par M. Unger sur le même sujet, se rattachent également à la doctrine de Schleiden, qui consiste essentiellement dans la formation de l'embryon aux dépens du tube pollinique; seulement Endlicher voulut voir dans le pollen l'agent féminin de la reproduction végétale, phénomène dans lequel les papilles stigmatiques ou l'humeur qu'elles sécrètent joueraient peut-être le rôle d'organe mâle (1). D'autres botanistes étaient complétement opposés au principe même de la théorie nouvelle, notamment Amici, dont les belles observations furent confirmées par M. Hugo von Mohl (2), M. C. Mueller (3), et surtout M. Hofmeister (4), qui s'est fait depuis ces vingt dernières années le chef de l'école opposée. Le principal défenseur de la théorie de Schleiden fut, en Allemagne, M. le professeur Schacht, son élève, qui engagea une lutte personnelle et souvent

(1) *Grundz. einer n. Theor. der Pflanzenzeug.*, 1838.
(2) *Entwickelung des Embryo von* Orchis Morio, *Bot. Zeit.*, 1847, p. 465.
(3) *Entwickelung des Pflanzenembryo, Bot. Zeit.*, 1847, p. 737.
(4) *Befruchtung der OEnotheren, Bot. Zeit.*, 1847, p. 785.

très-vive avec M. Hofmeister; son grand ouvrage sur ce sujet fut couronné en 1850 par l'Académie d'Amsterdam (1), mais une réserve expresse fut faite par l'Académie sur la valeur des conclusions de l'auteur. On peut lire dans le *Flora* de 1855 un exemple des discussions qui eurent lieu entre les chefs des écoles rivales, à propos d'une préparation obtenue par M. Th. Deecke sur le *Pedicularis sylvatica,* et déjà décrite par cet observateur l'année précédente (2). M. Schacht y attaque vivement (3) M. Hofmeister, qui répond non moins vivement dans le n° 17 du même recueil; enfin, dans le *Botanische Zeitung* de la même année, 1er juin, n° 22, M. Hugo von Mohl, trouvant la préparation de M. Deecke insuffisante, proteste aussi contre M. Schacht et contre la théorie de Schleiden. Celle-ci d'ailleurs perdait du terrain. M. Tulasne l'avait abandonnée dès 1849 (4); en 1856, M. Ludwig Radlkofer (5), élève de M. Schleiden, publie des observations dont les résultats sont entièrement contraires à la doctrine de son maître, et dont le célèbre professeur d'Iéna est obligé de reconnaître l'exactitude. Enfin M. Schacht lui-même, dans un travail sur le *Gladiolus Segetum,* envoyé par lui de Madère à l'Académie de Berlin (6), reconnaît l'erreur dans

(1) *Entwicklungsgeschichte des Pflanzenembryo.*

(2) *Entwicklungsgeschichte des Embryo von* Pedicularis (*Abhandl. des Gesellschaft zu Hall,* II, p. 657).

(3) *Flora,* 1855, n°s 10 et 11.

(4) *Études d'embryogénie végétale. Ann. sc. nat.,* 3e série, t. XII, p. 24.

(5) *Die Befruchtung der Phanerogamen; ein Beitrag zur Entscheidung des dartueber bestehenden Streites.* In-4° de 36 p.; Leipzig, 1856.

(6) *Der Vorgang der Befruchtung bei* Gladiolus Segetum.

laquelle il était en soutenant la théorie horkelienne. « En effet, dit-il, ce n'est pas dans le tube pollinique, comme je l'avais cru jusqu'à ce jour, que se forme la première cellule de l'embryon ; mais celle-ci naît sous l'influence de ce tube, et d'une manière tout à fait particulière, d'une matière granuleuse, sans membrane, qui existait dans le sac embryonnaire avant la fécondation. » La théorie de M. Schleiden s'écroulait en perdant son dernier défenseur, et il paraît que son auteur même, d'après un demi-aveu fait à M. Radlkofer, n'y tient plus guère aujourd'hui. On est universellement d'accord sur l'origine de l'embryon, et l'on ne dispute guère que sur des points secondaires, comme par exemple sur la question de savoir si la vésicule embryonnaire préexiste ou non à la fécondation ; M. Hofmeister a eu gain de cause, et ses beaux travaux, auxquels nous ferons de fréquents emprunts dans le cours de cette thèse, sont généralement considérés comme l'expression la plus exacte de la science contemporaine sur la fécondation des Phanérogames.

CHAPITRE II.

Description des organes nécessaires à la fécondation.

Dans ce chapitre, j'examinerai successivement les organes mâles et les organes femelles.

A. DES ORGANES MALES.

Les organes mâles sont, comme on sait, les étamines, composées essentiellement des anthères, supportées ou non par les filets, et renfermant le pollen. Je ne m'occuperai en aucune façon de l'anatomie des anthères ; le temps dont je dispose pour la rédaction de cette thèse ne me permet pas non plus d'insister sur le développement du pollen ; je me contenterai, à ce sujet, de renvoyer aux travaux les plus importants qui ont été publiés depuis trente ans (1),

(1) Voyez à ce sujet :
Amici, *Ann. sc. nat.*, 1re série, t. II, mai 1824 ;
Guillemin, *id.*, t. IV, et *Mém. Soc. d'hist. nat.*, t. II ;
Ad. Brongniart, *Ann. sc. nat.*, 1re série, t. XII et XV ;
R. Brown, *Ann. sc. nat.*, 1re série, t. XIV ;
Amici, *Ann. sc. nat.*, 1re série, t. XXI ;
Ad. Brongniart, *Ann. sc. nat.*, 1te série, t. XXIV ;
R. Brown, *Observations ou the organs and mode of fecundation in Orchideæ and Asclepiadeæ.* London, 1831 ;
Ehrenberg, *Ueber das Pollen der Asklepiadeen. Ein Beitrag*

ne voulant, dans cette thèse, décrire que la structure du
grain pollinique.

1° *Membrane externe du grain* (exhyménine). — Cette
membrane est tantôt lisse, tantôt munie de différentes sortes
de saillies.

Elle est rarement lisse et parfaitement unie ; dans le plus
grand nombre des cas, elle offre au moins des ponctua-
tions, par exemple dans les *Allium fistulosum, Chamærops
humilis, Araucaria imbricata, Rumex scutatus*, dans les
Borraginées, Chénopodées, Myrtacées, Graminées, dans
le *Rivina brasiliensis*, etc.

Ces granulations sont souvent disposées sans ordre ; d'autres fois elles constituent un réseau à mailles plus ou moins
régulières ; on cite particulièrement, à cet égard, les pollens de certaines Convolvulacées (*Ipomæa purpurea, Co-
bæa scandens*, etc.). Ce réseau se dispose quelquefois en
facettes fort élégantes.

zur Auflœsung der Anomalien in der Pflanzenbefruchtung. Berlin, 1831.
    Fritzsch, *Beitræge zur Kenntniss der Pollen.* Berlin, 1832;
        Dé plantarum polline. Berolini, 1835;
        Ueber das Pollen, Saint-Pétersbourg, 1837 : *Mémoires
           de l'Académie impériale de Saint-Pétersbourg,*
           t. II;
    Mirbel, *Observations sur le* Marchantia ;
    Molh, *Ann. sc. nat.,* 2ᵉ série, t. III ;
    Mirbel, *id.*   *id.*   *id.* ;
    Giraud, *id.*   *id.*   *id.* ;
    Dujardin, Observation au microscope ;
    Nägeli, *Zur entwickelungsgeschichte des Pollens.* Zurich,
1842;
    Unger, *Ueber merismatische Zellenbildung bei der Entwicke-
lung des Pollens,* 1844, in-4°.

Dans certaines espèces, la membrane externe est couverte de prolongements obtus ou aigus, qui ressemblent, dans le premier cas, à de petites papilles (1), et, dans le second cas, à des poils, ce que l'on observe dans les Malvacées et dans les Campanulacées, ou même à des épines, comme dans la famille des Synanthérées. Ces différentes sortes d'appendices laissent fréquemment exsuder une matière visqueuse.

Enfin la surface du grain présente souvent des plis ou des pores.

Le pollen de quelques familles (Laurinées, Aristolochiées, Aroïdées) est complétement dépourvu de ces modifications ; mais on remarque le plus souvent une des deux, et quelquefois toutes les deux ensemble. Les plis suivent le plus souvent une ligne qui va d'un pôle du grain au pôle directement opposé dans les pollens ellipsoïdes ; quelquefois ils suivent au contraire l'équateur du grain, ou bien ils sont disposés en cercle ou en spirale (*Thunbergia*, *Berberis*). Le nombre de ces plis est variable : on n'en trouve qu'un seul sur chaque grain dans beaucoup de monocotylédones, dans les Liliacées, Iridées, Amaryllidées, Palmiers, etc. Le nombre trois est très-fréquent dans les Dicotylédones ; exemple : Rosacées, Légumineuses, Solanées, Crucifères, etc. Enfin on en observe de quatre à six dans la Bourrache, et beaucoup d'autres Borraginées ; dans les Labiées, les Rubiacées, les Apocynées, etc.

Ces plis se présentent en général sous forme de bandes

(1) Camerarius et Burckardt avaient observé il y a longtemps des pollens muriqués.

plus lisses que le reste du grain. Les auteurs ont émis sur leur structure des hypothèses assez différentes. Il paraît certain qu'ils sont formés par un véritable plissement de la membrane interne du grain, lequel se dédouble quand le grain se dilate en absorbant de l'eau.

Les pores ou *ostioles* sont des espaces arrondis, plus clairs que le reste de la membrane, placés quelquefois à l'extrémité de protubérances particulières du grain, comme sur les Onagres. M. Mohl a soutenu que ces orifices ne sont pas perforés ; mais la plupart des auteurs sont aujourd'hui d'un avis contraire. Ad. de Jussieu n'a pas osé trancher la question dans son *Cours élémentaire de botanique* (8ᵉ édit., p. 286). Il est certain que les ostioles ne sont pas perforés dans le cas où ils présentent un opercule que chasse en sortant le boyau pollinique, ce qui arrive dans les genres *Cucurbita, Stellaria, Agrostemma*, et quelques autres.

Voici un résumé des principales observations faites sur le nombre des ostioles du grain pollinique, et par conséquent sur le nombre de tubes qu'il peut émettre :

1° On n'a remarqué aucun ostiole dans les *Anona*, le *Matthiola madeirensis*, les genres *Oreodaphne, Cephalanthera, Limodorum* et *Persea*.

2° On a trouvé un ostiole dans les genres *Watsonia, Cypripedium, Musa, Strelitzia, Bromelia, Gladiolus, Yucca, Phormium, Saccharum, Triticum*, et dans la plupart des Monocotylédones.

3° On en a trouvé deux dans les *Justicia, Beloperoma, Banksia, Limnanthes*, et dans le *Ficus comosa*.

4° On en a trouvé trois dans les *Cleome, Clarkia, OEnothera, Fuchsia, Epilobium, Lythrum, Cuphea*,

Fournier.   3

Visnea, Vitis, Tilia, Ilex, Amsonia, Polycarena, Carica, Ardisia, Bougainvillea, Coffea, Mangifera, Isoplexis; dans le *Poinsettia* et l'*Euphorbia canariensis*, le *Clethra* et le *Monotropa*, le *Fraxinus*, les *Haliota, Scorzonera, Calendula, Rhinanthus, Melampyrum, Orobanche, Fagus, Quercus, Castanea, Corylus, Carpinus, Betula, Alnus;* dans le *Viscum* et l'*Arceuthobium*. — Quelquefois le genre *OEnothera* cependant en offre quatre.

5° On en a trouvé quatre ou cinq dans les *Impatiens, Bombax, Campanula, Stylidium, Ulmus, Carpinus,* et dans certains *Alnus.*

6° On en a trouvé huit et même davantage dans les Malvacées et les Amarantacées, les *Fumaria, Agrostemma, Gypsophila, Alsine, Stellaria, Cerastium, Cucurbita, Cactus, Opuntia, Convolvulus, Ipomœa, Polemonium, Cobœa, Nyctago, Mirabilis,* etc. Dans la Belle-de-Nuit on en compte une centaine, et jusqu'à deux cents dans la Rose-trémière.

Que ces ostioles soient béants ou fermés par une membrane réunie qui serait résorbée par les progrès du développement, ce qui paraît plus probable, ils n'en remplissent pas moins une fonction très-importante. En effet, dans les pollens à deux membranes qui en présentent, c'est toujours par eux que l'on voit sortir la membrane interne pour constituer les tubes ou boyaux polliniques. Dans les pollens qui n'ont pas de plis ou de pores, la membrane externe se déchire en certains points, et c'est par ces ouvertures accidentelles que l'interne fait saillie (*Datura Stramonium.*)

2° *Membrane interne du grain (endhyménine).* — Cette membrane a la même structure dans tous les pollens; elle est toujours complétement homogène, très-mince et transparente comme de l'eau; elle se présente après l'enlèvement de la membrane externe, comme une cellule fermée.

Quelquefois il est très-difficile de l'isoler, parce qu'elle adhère intimement à la membrane externe; c'est ce qui se remarque dans les Graminées, dans l'*Arum ternatum*, le *Musa Troglodytarum*, les *Ixia* et *Strelitzia*.

La propriété la plus remarquable de cette membrane interne est la force avec laquelle elle absorbe l'eau extérieure, si bien qu'elle finit quelquefois par se rompre, dans le champ du microscope, sous la pression du liquide qu'elle a absorbé. Les botanistes, témoins de ces phénomènes, en avaient conclu pendant longtemps que le boyau éclatait avant ou après son contact avec le stigmate, mais ne parvenait pas intact jusqu'aux ovules.

Quelquefois le grain pollinique n'est composé que d'une seule cellule, sans plis ni ostioles, que l'on considère généralement comme analogue à l'endhyménine. C'est ce que l'on remarque dans les pollens des Orchidées et des Apocynées. On sait que ces pollens sont réunis en une seule masse conservant la forme qui résulte de son développement dans la loge anthérale, et qu'ils sont portés tout d'une pièce sur le stigmate par certains moyens que nous examinerons plus loin. On a, pendant quelque temps, vu là un obstacle à la fécondation; mais R. Brown et M. Brongniart ont montré qu'elle s'opère dans cette famille comme dans les autres, les tubes polliniques se formant de même après le contact des masses polliniques et du stigmate. Ce n'est pas d'ailleurs seulement dans ces deux familles que l'on a observé l'agglomération des grains polliniques. On les a trouvés réunis par quatre dans les *Pyrola*, les

Typha, le *Fourcroya*, et par seize dans les *Acacia* (1).

Le pollen des Conifères doit être examiné séparément. Il présente souvent des dilatations latérales séparées par un pli de la cavité principale du grain, Abiétinées, *Podocarpus*. En outre, il se forme dans le grain une génération cellulaire qui n'existe pas dans les autres Phanérogames. Il en résulte un chapelet de deux (*Cupressus*) ou trois (*Larix*) cellules-filles (*voy.* pl. i, fig. 1), dont la dernière se gonfle et fait issue hors du grain pour constituer le boyau (pl. i, fig. 2). Ces faits ont été fort diversement décrits par les observateurs, Robert Brown, Fritzsche, Meyen; enfin c'est Gélesnow qui en a donné l'interprétation exacte, et M. Schacht les a étendus à tous les Conifères. Il pense qu'il existe quelque chose d'analogue dans les Cycadées. Giraud a décrit trois membranes polliniques dans le *Crocus vernus;* je ne crois pas que cette observation ait été confirmée.

Placé dans l'eau, le grain se gonfle, et émet un ou plusieurs tubes à contour très-mince, remplis d'un liquide, la fovilla, dans lequel s'agitent des corpuscules. Ce liquide est épais, comme mucilagineux, souvent incolore, contenant une grande quantité de granules assez petits, inégaux entre eux, agités d'un mouvement particulier, sur lequel on a beaucoup discuté. Ces mouvements avaient d'abord fait assimiler ces granules aux spermatozoïdes des animaux; mais ils sont probablement dus à cette particularité remarquable découverte par Robert Brown dans les particules extrêmement fines de tous les corps, même bruts, et que l'on a désigné sous le nom de *mouvement brownien*. M. Fritzsch a

(1) Schacht, *Lerbruch der Anat. und. Physiol. der Gewæchse,* II, 1859.

ultérieurement reconnu que ces grains bleuissent par l'iode et offrent tous les caractères de la fécule (1). Outre la fécule, l'analyse chimique a fait encore reconnaître dans la fovilla une substance huileuse qui forme de petites gouttelettes, du mucilage et de l'inuline.

Achille Richard a constaté dans le *Caladium bicolor* un fait qui doit être noté (2). Le pollen de cette plante est pulvérulent ; mais, au lieu de sortir des loges de l'anthère, qui s'ouvrent par un pore à leur sommet, sous l'apparence d'une poussière à grains distincts, ses utricules s'agglutinent en longs filaments, irréguliers, vermicellés, de 3 à 4 lignes de longueur ; examinés au microscope, ces filaments se sont montrés formés d'utricules polliniques globuleuses, à surface lisse, placées sans ordre, mais sans mélange d'aucuns filaments ; parmi ces utricules se trouvaient des cristaux transparents assez nombreux, généralement un peu plus petits que les utricules, ayant la forme d'un octaèdre, ou celle d'un prisme carré terminé par des pyramides à quatre faces. Ce sont probablement des cristaux de phosphate de chaux.

B. DES ORGANES FEMELLES.

De même que je n'ai étudié dans l'étamine que le pollen, de même je ne veux étudier dans le pistil que les parties

----

(1) La présence de fécule dans les boyaux polliniques sert à M. Hofmeister d'argument contre la théorie de Schleiden. Il rappelle que jamais on ne voit une cellule en engendrer d'autres lorsqu'il existe de la fécule dans son intérieur, et que par [conséquent la formation de l'embryon ne doit pas résulter d'une fragmentation cellulaire du boyau.

(2) *Nouv. El. de Bot.*, 7e éd., p. 373.

essentielles à l'acte de la fécondation. Je me bornerai donc, dans ce chapitre, à l'examen du stigmate, du tissu conducteur et de l'ovule.

§ Ier. *Du stigmate.*

On donne le nom de *stigmate* à la partie supérieure du pistil, ordinairement dépourvue d'épiderme, garnie de glandes et humide, qui est destinée à recevoir la poussière fécondante. Anatomiquement, le stigmate est constitué par une masse d'utricules ovoïdes plus ou moins allongés et cylindriques, tous dirigés de la surface stigmatique vers le style; ces utricules, très-minces, transparents, renferment un petit nombre de globules dans leur intérieur; ils sont presque toujours incolores, rarement jaunes ou rougeâtres; ils sont très-lâchement unis entre eux, et les intervalles en sont remplis, surtout près de la surface du stigmate, par une matière mucilagineuse composée de globules très-petits et très-nombreux.

M. Ad. Brongniart a rencontré, chez quelques plantes, le *Nuphar luteum*, les *Hibiscus*, les *Nyctago*, un stigmate revêtu d'un épiderme; «cet épiderme se composait quelquefois, dit-il, de plusieurs couches intimement unies entre elles.» Il l'a vu soulevé par un liquide assez abondant au moment de la fécondation, et, en faisant macérer le stigmate dans l'acide nitrique, il a vu des gaz se former et soulever l'épiderme. L'existence de cette membrane, et surtout l'union entière des cellules qui la constituent, est assez difficile à concilier avec la pénétration du boyau pollinique dans le stigmate. Il serait possible que cette membrane fût rompue avant l'émission du pollen par les liquides mêmes que M. Brongniart a observés. En effet, A. de Saint-Hilaire a observé que quelquefois « l'épiderme « du style, déjà tout formé, laisse échapper, en s'entr'ou- « vrant, les glandes stigmatiques, ou met à découvert la « substance intérieure du style, tantôt couverte de papilles, « tantôt un peu boursouflée et comme mousseuse, toujours « ou presque toujours enduite de sucs visqueux » (1).

Le stigmate est quelquefois muni d'organes particuliers destinés à retenir le pollen : nous citerons, à cet égard, les stigmates plumeux des Graminées, le stigmate pubescent du Platane, les poils qui accompagnent quelquefois cet organe chez les Composées, et qui sont presque généraux chez les Campanulacées. Une touffe de poils qui s'élèvent en voûte au-dessus du stigmate sert à distinguer le genre *Vicia*. Dans le *Triglochin maritimum*, les poils constituent une espèce de houppe au-dessus du stigmate. Une sorte de collerette cartilagineuse qui entoure et dépasse le stigmate caractérise la famille des Goodenoviées.

La position du stigmate et ses rapports avec celle des étamines seront traités dans le chapitre suivant.

Le stigmate n'existe pas toujours, au moins tel que nous venons de le décrire. Rob. Brown n'en a pas trouvé dans le *Rafflesia Arnoldi*, non plus que de véritable tissu con- ducteur. Dans les Conifères et les Cycadées, le pollen, ar- rivé à l'organe femelle, pénètre dans le canal formé par la membrane que l'illustre savant anglais regardait comme le tégument de l'ovule, et tombe immédiatement sur la partie inférieure de cet ovule, où il émet son boyau polli-

(1) Saint-Hil., *Mém. sur les plantes auxquelles on attribue un placenta central libre*, etc., p. 32.

nique (pl. 1, fig. 3). M. Schacht soutient qu'il existe à ce endroit une sécrétion lubréfiante particulière (1).

§ II. *Du tissu conducteur.*

Le tissu conducteur est celui qui établit une communication entre le stigmate et les ovules pour y conduire le boyau pollinique ; il comprend en général le style et les organes nommés par Rob. Brown *chordæ pistillares,* qui, dans certains cas, se confondent avec la partie supérieure ou avec la totalité des placentas, dans d'autres ont une existence et une fonction spéciale , quelquefois n'existent que temporairement, ou même ne s'observent point. Mirbel avait fait , il y a cinquante ans, une étude approfondie de ce tissu , sur lequel Auguste de Saint-Hilaire a publié de nouvelles observations dans son *Mémoire sur les plantes auxquelles on attribue un placenta central libre.*

Dans le premier cas se rencontrent un grand nombre de familles végétales que l'on peut subdiviser en deux groupes alors que leurs stigmates sont superposés aux placentas (Papavéracées) ou alternes avec eux (Lythrariées, etc.).

Dans ces dernières familles, où le style est le sommet prolongé de la feuille carpellaire , il s'opère dans sa substance une fusion des systèmes axile et appendiculaire.

On remarque quelquefois dans ces familles une production particulière qui émane du conducteur, et vient *coiffer* pour ainsi dire le micropyle de l'ovule, en envoyant quelquefois un prolongement dans son intérieur. Il y a long-

(1) *Lerbr. der Anat. und Physiol. der Gewœchse,* t. II.

temps que Mirbel a dessiné ce corps dans l'*Euphorbia La-thyris ;* depuis, le nombre des plantes chez lesquelles on a trouvé le *chapeau* est devenu considérable. M. Payer l'a montré très-nettement coiffant l'ovule des Lins. M. Baillon l'a étudié avec soin dans les Euphorbiacées, chez lesquelles il devient l'origine partielle de la caroncule.

On a même observé le *chapeau* sur des plantes chez lesquelles le tissu conducteur ne suit pas le trajet du placenta, par exemple : Dans les *Statice,* où l'ovule est anatrope et pendant à l'extrémité d'un funicule basilaire, et où le chapeau proémine latéralement et déplace le funicule pour pénétrer dans le micropyle. Dans les Urticées, M. Weddell a représenté plusieurs fois un corps analogue au chapeau. Les Polygalées en ont un semblable, qui, d'après M. Mo-quin-Tandon , présente de grandes différences dans ses formes et ses dimensions. Mais le chapeau n'existe pas toujours, même chez les plantes munies de conducteurs spéciaux.

Dans les Composées , M. Brown a décrit les deux cordons pistillaires qui règnent de chaque côté de l'ovaire, depuis la naissance du style jusqu'au micropyle, et paraissent destinés au transport du pollen (1). Dans les Crucifères, d'après M. Tulasne, c'est la cloison qui sert au même but, ou du moins ses parties latérales touchant aux placentas; parfois le même observateur a rencontré des tubes polliniques libres dans la cavité ovarienne de ces plantes.

Dans les Rosacées à ovaire infère, le tissu conducteur forme la partie axile et supérieure de l'ovaire. On remarque encore, chez les Ombellifères et chez beaucoup de

(1) *Trausac. of the Linn. Soc.*, t. XII, part. I, 1817, p. 89-91.

Scrofulariées, dans l'axe de leur ovaire biloculaire, deux cordons conducteurs qui se réunissent au sommet pour pénétrer dans le style.

Enfin, comme je l'ai dit plus haut, le tissu conducteur se détruit souvent après la fécondation, témoin ce qui se passe dans les Primulacées, le *Limosella*, les Caryophyllées, les Paronychiées, les Polygonées et les Chénopodiacées, dans lesquelles M. de Saint-Hilaire a observé des *filets* faisant communiquer la partie centrale de l'ovaire avec les stigmates. Tantôt ces filets représentent simplement un organe mince et allongé, qui s'élève du sommet du placenta et pénètre dans la cavité du style; tantôt c'est le placenta lui-même qui s'élève suivant l'axe et paraît se prolonger dans l'appareil stigmatique, comme dans les Caryophyllées; mais alors même on reconnaît deux tissus différents, l'appareil nourricier qui forme le centre de la colonne, étant constitué de cellules vertes, et l'appareil conducteur, qui en forme la surface, étant complétement blanc (1); d'autres fois, c'est avec chaque ovule que le stigmate se met en rapport, et cet ovule présente alors ce que l'on a appelé le *double point d'attache* (Chénopodiacées, Polygonées, Paronychiées) : il tient à l'appareil nourricier par le cordon ombilical et la hile, à l'appareil fécondateur par le filet et le micropyle.

Enfin le tissu conducteur peut faire défaut, et les tubes polliniques pénètrent alors librement dans la cavité ovarienne. C'est ce que l'on a reconnu depuis longtemps pour

_____

(1) Dans les Portulacées, le placenta est naturellement divisé en autant de filets qu'il y a de stigmates, et il y a continuité entre ces organes; ces filets persistent après la fécondation.

les Cistinées ; il en est de même dans certaines Tamaris-
cinées.

§ III. *De l'ovule examiné avant la fécondation.*

Nous ne décrirons pas ici en détail le développement de
l'ovule, tel qu'il est aujourd'hui bien connu depuis les anciens travaux de Grew et de Malpighi, et d'après les recherches nombreuses de Mirbel, Turpin, R. Brown et de
M. Ad. Brongniart ; nous rappellerons seulement que, dans
la grande majorité des végétaux phanérogames, l'ovule,
examiné au moment où il commence à paraître dans un
bouton très-jeune, se présente sous la forme d'un petit tu-
bercule parfaitement lisse et entier, qui, coupé transversa-
lement, paraît uniquement composé de tissu cellulaire :
c'est le nucelle, autour de la base duquel apparaissent postérieurement les deux renflements qui doivent constituer la
secondine et la primine (Onagrariées, Cucurbitacées, Pro-
téacées, Polygonées, Euphorbiacées, Cupulifères proprement dites) ou bien un seul d'entre eux, si l'ovule ne doit
être environné que d'un seul tégument, comme dans les
Scrofulariées et beaucoup de Gamopétales ; quelquefois même
il n'existe aucun vestige de ces tuniques (Cycadées, Conifères, Loranthacées, Santalacées, Hippuridées, etc.)(1). Plus
tard, dans un grand nombre de plantes, l'ovule exécute, avant
la fécondation, des mouvements plus ou moins complets d'in-
version qui rapprochent de diverses manières son extrémité
de sa base organique, et qui tous paraissent avoir pour objet

(1) D'après M. Schacht, le *Coffea arabica* possède un nucelle
nu. Cette observation demanderait à être confirmée.

de placer cette extrémité dans un point où la substance fécondante trouve vers elle un accès plus facile. Enfin les tuniques extérieures, en remontant autour du nucelle, circonscrivent autour de son extrémité un pertuis dont nous avons déjà parlé sous le nom de *micropyle*, et par où le tube pollinique pénétrera jusqu'à l'ovule.

Du sac embryonnaire. — D'abord exclusivement celluleux, le nucelle se creuse bientôt intérieurement d'une cavité qui est le sac embryonnaire, et dont la formation résulte généralement du développement prédominant d'une cellule du nucelle, autour de laquelle le parenchyme de cet organe est partiellement résorbé (1). C'est ordinairement vers la partie supérieure du nucelle qu'apparaît d'abord le sac, qui s'étend ensuite de manière à en occuper tout l'intérieur, et qui quelquefois en détermine la résorption complète, ainsi qu'on l'a constaté pour des Personnées, Labiées, Orchidées, M. Schacht pour le *Phaseolus*, et M. Tulasne pour les Crucifères.

Quelquefois il existe plusieurs sacs embryonnaires. M. Al. Braun a rassemblé dans son mémoire sur la polyembryonie (2) les faits connus à cet égard ; nous mentionnerons spécialement ceux que M. Tulasne a fait connaître pour quelques Crucifères (*Cheiranthus Cheiri, Isatis tinctoria*). Il faut aussi citer ici les faits offerts par les Loranthacées. Il est vrai qu'il s'est produit, pour l'interprétation

(1) Dans l'état actuel de la science, on ne saurait plus du tout admettre, comme le voulait Mirbel, que le sac embryonnaire soit originairement « une sorte de boyau délié qui tient par un bout au sommet du nucelle et par l'autre à la chalaze. »

(2) *Ueber Poly-embryonie und Keimung von Cælebogyne.*

de ces faits, des divergences remarquables. Ainsi, tandis que M. Decaisne, dans son beau mémoire sur le développement de l'ovule du Gui (1), admet qu'il existe dans cette plante plusieurs ovules extrêmement simples, d'autres observateurs, et notamment M. Hofmeister (2), soutiennent que ces ovules sont des sacs embryonnaires ; le tissu interne et mince qui, placé à la partie interne du réceptacle, est regardé par M. Decaisne comme l'ovaire, n'est pour M. Hofmeister que la membrane interne d'une épaisse paroi ovarienne, et cet observateur, après avoir seulement nommé du nom d'ovule quelques cellules qui apparaissent vers le mois de juillet dans le bouton femelle, au fond de la fente carpellaire, paraît croire que ce tissu a disparu, et qu'il existe ici des sacs embryonnaires libres dans un ovaire. M. Schacht pense également qu'il n'y a pas, à proprement parler, d'ovule dans le Gui, et que les sacs embryonnaires s'y forment « dans le tissu médullaire de la fleur femelle. » Cette interprétation est certainement un peu forcée, et l'on comprendrait mieux que ces auteurs reconnussent comme ovule le tissu interne et mince qui forme le revêtement intérieur de la masse ovarienne, et qui, à sa première apparition, correspond au fond de la fente carpellaire bientôt fermée. M. Hofmeister ne serait pas sans doute éloigné de cette interprétation, car il admet également, dans le genre *Loranthus,* un ovule renfermant plusieurs sacs embryonnaires. Ils sont au nombre de 3 à 5 dans le Gui.

La discussion que nous venons de résumer rappelle celle

(1) *Mémoires de l'Académie de Bruxelles, t. XIII, 1841.*
(2) *Neue Beitræge zur Kenntniss der Embryobildung der Phanerogamen, I, Dik., p. 556; Ann. sc. nat., 4ᵉ série, t. XII, p. 24.*

qui a eu lieu entre M. J.-D. Hooker et M. Weddell au sujet de l'ovaire des Balanophorées, et principalement du *Cynomorium*, et qui paraît avoir été close par le dernier mémoire de M. Weddell sur cette question (1), dans lequel ce savant distingué a modifié son opinion, ainsi que par la publication des dessins de M. Hofmeister. On sait maintenant qu'il existe dans les Balanophorées une cavité ovarienne communiquant avec un canal stylaire, dans laquelle se développe un ovule pendant réduit au nucelle, et renfermant un sac embryonnaire allongé.

On observe également plusieurs sacs embryonnaires dans certaines Santalacées (*Exocarpos*, etc.). Il est remarquable que la pluralité de ces organes ait été observée dans des familles jadis très-éloignées dans la classification naturelle, et que l'assentiment général des botanistes tend aujourd'hui à rapprocher.

Le sac embryonnaire, une fois apparu, s'allonge tantôt par son extrémité inférieure seulement, tantôt à la fois par ses deux extrémités (Orchidées), en se courbant quelquefois pour s'insinuer entre les cellules dans lesquelles il est comme enfermé. En même temps on voit apparaître dans son intérieur des productions qu'il faut diviser en trois groupes, et qui sont : le noyau primaire, les vésicules embryonnaires découvertes par Amici, et les cellules antipodes découvertes par Hofmeister.

Le noyau primaire existe d'abord confondu avec le sac embryonnaire lui-même, et à l'état de protoplasma sirupeux. Ce n'est qu'à un certain degré du développement

(1) *Mémoire sur le* Cynomorium coccineum, *parasite de l'ordre des Balanophorées* (Arch. du Muséum, t. X).

qu'il se sépare de la paroi, d'après les faits observés sur les Monocotylédones (*Iris, Crocus, Paris*). On n'observe jamais qu'une vacuole entre cette paroi et le noyau, et cette vacuole augmente de grandeur pendant le développement postérieur du sac embryonnaire, plus rapidement que le sac lui-même, qui s'amincit sur ses parties latérales, excepté aux points où il avoisine le noyau. Celui-ci devient de plus en plus lenticulaire, et en même temps on voit se détacher de sa surface des couches de substance plastique qui s'étendent sur la paroi, sous forme de ruban, et qui mettent le noyau granuleux en communication d'une part avec les vésicules embryonnaires, d'autre part avec les cellules antipodes (1). Les couches plastiques ne sont pas apparentes longtemps, et à certaines époques on observe parfois à leur surface des courants granuleux, que l'eau introduite dans la préparation supprime rapidement. Les courants les plus marqués et les plus prolongés ont été observés par M. Hofmeister sur le *Merendera caucasica* et l'*Arum maculatum*.

La position de ce noyau primaire est très-variable, même dans la même espèce; il est assez fréquemment rapproché de la région équatoriale du sac.

Ce noyau tend en général à disparaître à mesure que se forment les antipodes et les vésicules embryonnaires. M. Hofmeister qualifie de monstruosités les cas où l'on observe, après la formation des vésicules, et à la place occupée primitivement par le noyau, une formation vésiculeuse assez grande renfermant plusieurs nucléus cellu-

---

(1) Hofm., *l. c.*, pl. XIII, 3; pl. XVII, 16, 17; pl. XIX; 8b; pl. XXI, 21; pl. XXV, 9, etc.

leux, et qu'il a vue dans l'*Asphodelus luteus*, et le *Fritillaria imperialis*. Mais, en tout cas, cette formation vésiculeuse disparaît encore avant la fécondation, ce qui arrive toujours au noyau primaire dans la très-grande majorité des Phanérogames.

Des vésicules embryonnaires. — L'époque d'apparition de ces vésicules a été contestée dans ces dernières années. M. Tulasne soutenait, dès son premier travail paru en 1849, et encore en 1855 avec une énergie nouvelle, qu'elles n'apparaissent qu'après la fécondation, tandis qu'un assez grand nombre d'observateurs en signalent la formation avant l'arrivée du tube pollinique. M. Brongniart exprime formellement cette idée en plusieurs endroits de son travail, se fondant particulièrement sur des observations fournies par des Cucurbitacées ; MM. de Mirbel et Spach l'ont également admise, spécialement pour le Maïs. MM. Amici et Mohl, dans leurs mémoires sur la formation de l'embryon des Orchidées, disent très-explicitement que la vésicule préexiste à l'acte fécondateur. Les partisans de la théorie de Schleiden, et principalement M. Schacht, qui soutenaient qu'elle est formée par l'extrémité du tube pollinique, ont reconnu leur erreur, et leur opinion n'a plus que l'importance d'un fait historique. On peut en dire autant des opinions émises par M. Meyen (1) et Mueller (2). Il fallait évidemment, pour arriver à la connaissance de la vérité sur cette question délicate, choisir des plantes dans lesquelles le déve-

(1) *Ann. sc. nat.*, 2e série, t. XV, 1841.
(2) *Ann. sc. nat.*, 3e série, t. IX, p. 33.

loppement ovareien est lent, et non pas des espèces an-
nuelles à développement rapide. C'est ce qu'a fait M. Hofmeister, notamment sur le Gui et sur le Colchique, le
Leucoïum vernum, le *Crocus vernus.* On sait que l'on peut
observer au printemps, dans le Gui, le développement du
bouton qui fleurira l'année suivante. M. Hofmeister a trouvé
formées, dès le commencement d'octobre, les vésicules qui
ne devaient être fécondées qu'au mois d'avril ou de mai suivant (1). Dans le *Crocus vernus,* le développement des vésicules embryonnaires se manifeste au commencement de
novembre dans le sac embryonnaire, entouré encore complétement par le tissu du nucelle ; ce développement est
achevé à la fin de décembre, bien avant que la partie supérieure du sac embryonnaire fasse hernie en dehors du
nucelle (2).

D'après ce savant observateur, on observe le développement des vésicules embryonnaires avant la fécondation
dans toutes les Monocotylées, et dans toutes les Dicotylédones angiospermes en général. Pour les Conifères, d'après
les planches mêmes que ce savant observateur a publiées (3),

(1) Hofm., *l. c.,* I, *Dik.,* p. 556.
(2) Hofm., *l. c.* II, *Monok.,* p. 671. Nous citerons textuellement ce passage : « Bei *Crocus vernus* beginnt die Bildung der
« Keimblæschen in dem noch ringsum, auch am Scheitel, von Ge-
« webe des Kerns eingeschlossenem Embryosacke Anfang Novem-
« bers vor der Bluethe. Sie ist Ende Decembers vollendet, lange bevor
« die Scheitelgegend des Embryosackes aus der Kernwarze hervor-
« bricht. »
(3) *Vergleichende Untersuchungen der Keimung, entfaltung
und fruchtbildung Hoherer Kryptogamen und der Samenbildung der Coniferen,* pl. XXVIII-XXVII.

il faut distinguer, à cause d'un fait sur lequel nous reviendrons, à savoir la lenteur du développement du tube pollinique, qui emploie quelquefois une saison à traverser le tissu du nucelle pour parvenir aux vésicules embryonnaires. Mais si, dans ce cas, les vésicules n'existent pas alors que les grains polliniques germent sur la surface de l'ovule, cependant elles sont développées avant qu'elles entrent en contact avec l'extrémité du boyau, c'est-à-dire avant l'acte essentiel de la fécondation.

Les vésicules embryonnaires ainsi formées sont généralement au nombre de deux (1), et quelquefois en plus grand nombre. Ce nombre est rarement dépassé dans les familles des Naïadées, Graminées, Aroïdées, Mélanthacées. Elles sont le plus souvent au nombre de trois dans les Orchidées (2), dans les Liliacées et les Amaryllidées; d'ailleurs, on peut trouver, sous ce rapport, des différences entre les ovules d'un même fruit. M. Tulasne en a trouvé jusqu'à cinq dans le *Nothoscordum fragrans*. Dans le *Funkia cœrulea* et l'*Hymenocallis cœrulea*, l'existence de plusieurs vésicules embryonnaires amène quelquefois la formation de plusieurs embryons. Il en est de même dans le *Mangifera indica* et les *Citrus* où ce fait est connu depuis longtemps, et dans le *Cœlebogyne;* c'est M. Radlkofer qui a découvert ce fait intéressant, confirmé par M. Al. Braun qui,

---

(1) C'est là un des arguments les plus forts que l'on puisse faire valoir contre la théorie de Schleiden, puisqu'il n'y a généralement qu'une vésicule embryonnaire fécondée, et que l'autre se développe sans qu'elle soit, à aucun instant de son existence, en rapport avec le tube fécondateur.

(2) Cependant dans l'*Orchis Morio* le nombre 2 est le plus ordinaire.

parmi vingt-trois jeunes individus de cette plante obtenus par semis, a trouvé sept fois des embryons multiples, plus ou moins soudés ensemble (1).

Quant aux Conifères, il faut les étudier spécialement au point de vue qui nous occupe. On sait depuis longtemps, quelle que soit l'interprétation que l'on adopte de la fleur de ces arbres, que dans l'intérieur du corps regardé par les uns comme le nucelle d'un ovule muni d'un ou de deux téguments (*Podocarpus*), et par d'autres comme un ovule enfermé dans un pistil dicarpellé, il existe une cavité que l'on a comparée, pour son développement et sa nature, au sac embryonnaire des autres végétaux. Dans cette cavité se développent des corps analogues aux vésicules embryonnaires par leur position et leurs fonctions, mais qui ne développent cependant l'embryon ; ce rôle est dévolu à une cellule-fille qui se forme dans leur intérieur. Aussi beaucoup d'auteurs leur ont-ils refusé le nom de vésicules, préférant les nommer vaguement *corpuscules*, et réservant le nom de vésicules embryonnaires aux cellules-filles.

· M. Al. Braun, dans son mémoire déjà cité sur la Polyembryonie, préfère, au contraire, conserver le nom de vésicules aux cellules-mères, et nous croyons qu'il est dans le vrai. On observe ici une génération cellulaire ultérieure dans l'organe femelle, comparable à celle que nous avons décrite dans l'organe mâle des mêmes végétaux, et personne n'a jamais, que nous sachions, songé à refuser le

(1) Ce sont des faits analogues que l'on a observés dans certains cas de monstruosités offerts par le règne animal, et notamment dans le développement des œufs à deux jaunes. Voyez Broca, *Expériences sur le développement des œufs à deux jaunes.*

nom de grains polliniques au pollen des Conifères, parce
que dans la cellule formée par leur endhyménine il se
produit une cellule-fille qui développe le boyau pollinique.
Nous savons bien, et nous avons entendu quelques botanistes émettre cette théorie, que l'on pourrait comparer le
nucelle des Conifères entouré de son pistil à un ovaire entouré de son périanthe; alors le sac embryonnaire serait
une cavité ovarienne, les vésicules et leurs cellules-filles
seraient des sacs embryonnaires normaux. Une circonstance milite en faveur de cette interprétation, c'est le rôle
que joue la partie supérieure du nucelle, qui remplit
évidemment les fonctions de stigmate, et qui, d'après
M. Schacht, est lubréfiée par un liquide au moment de l'arrivée des grains polliniques. Mais le développement de l'en-
veloppe, qui se prononce d'abord par deux croissants (1)
opposés, n'est pas favorable à cette hypothèse, qu'il serait
prématuré de discuter plus longuement dans l'état actuel
de la science.

On sait que les Cycadées sont conformées, quant à leur
ovaire, de même que les Conifères; on remarque également plusieurs embryons dans leur fruit, et ce que nous
venons de dire leur est parfaitement applicable (2).

M. Hofmeister s'est beaucoup étendu sur la genèse des
vésicules embryonnaires. Elles apparaissent d'abord dans
un amas de protoplasma qui se rassemble à la partie supérieure du sac, comme des noyaux libres, arrondis, plus

(1) Voy. Baillon, *Recherches organogéniques sur la fleur
femelle des Conifères, Adansonia*, I, 1.
(2) Voyez entre autres travaux Karsten, *Organographische Befruchtung der* Zamia muricata, in *Mém. de l'Acad. des sc. de
Berlin*, 1857.

transparents que le protoplasma environnant, et dépourvus de substances solides.

A cet état, on peut observer des noyaux dans l'intérieur des vésicules. Il en existe généralement un seul, rapproché de l'extrémité inférieure de la vésicule, laquelle extrémité fait une saillie arrondie dans la cavité du sac. Ce noyau est d'abord entouré d'une matière plastique dont la couche extérieure est comme vitrée et se dissout très-facilement dans l'eau de la préparation, tandis que sa couche intérieure est formée de granules assez gros. Par une modification ultérieure, ces granules disparaissent et leur substance se transforme en une membrane amincie qui s'écarte du noyau et n'adhère plus qu'à sa partie inférieure. Quelquefois, dans certaines Monocotylédones citées plus haut, où ce développement se fait pendant l'hiver, cette membrane acquiert encore une organisation plus parfaite et devient celluleuse; mais, en tout cas, elle se ramollit au moment de la fécondation, et souvent devient diffluente, à tel point qu'elle disparaît promptement dans le liquide de la préparation, et, dans certains cas extrêmes, ne laisse pas de traces de la vésicule (1), ainsi que M. Schacht l'a constaté sur le *Canna*. Cela peut bien expliquer pourquoi certains observateurs ont nié l'existence de la vésicule embryonnaire, qu'ils n'avaient pas constatée en examinant des ovules avant l'imprégnation.

Quand la membrane extérieure résiste à l'action de l'eau, on constate qu'elle est intimement adhérente à la surface inférieure de la voûte formée par le sac, sinon

(1) Il arrive là la même difficulté que pour l'observation microscopique de l'aleurone.

la vésicule ne tarde pas à nager dans le liquide de la préparation.

Quand il existe, comme c'est le cas normal, plusieurs
vésicules embryonnaires, elles ne sont ordinairement pas
également rapprochées de la voûte intérieure du sac, et
souvent, dans les Monocotylédones, elles font saillie à la
partie supérieure du sac, en poussant devant elles la membrane du sac embryonnaire dans le canal micropylaire ;
on voit même chacune d'elles se loger dans un renflement
particulier du sac (pl. ii, fig. 3). Cet allongement en longueur des vésicules est vraiment extraordinaire dans le
Watsonia rosea.

De l'appareil filamenteux. — C'est ici le lieu de dire
un mot de cette production particulière des vésicules embryonnaires à laquelle M. Schacht a donné le nom d'appareil filamenteux (*Fadenapparat*) et qu'il a découverte
sur le *Gladiolus Segetum.* Elle se développe peu de temps
avant la fécondation. On observe alors que le contenu de
la partie supérieure des vésicules prend une consistance
particulière, et se transforme en granules qui se disposent
en rayonnant à partir de la partie supérieure de la vésicule, laquelle reste complétement blanche (pl. ii, fig. 2).
Cette production, traitée par le chlorure de calcium, ne
se contracte pas comme le ferait un protoplasma ordinaire, mais conserve sa structure radiée. Par les progrès
du développement, on y remarque des raies foncées, char-
gées de granules, et des espaces plus clairs, sous forme de
fils, qui les sépare. L'iode teint les raies foncées en jaune
brun, et les fils plus clairs en bleu clair. Les fils peuvent
être séparés avec l'extrémité d'une aiguille.

Cet appareil a été retrouvé dans un grand nombre de Monocotylédones (*Phormium* , *Yucca* , *Zea*), dans le *Sechium*, le *Torenia*, etc. Il fait défaut dans les *Canna* , les *Citrus* et plusieurs autres plantes , ce qui empêche de lui reconnaître une importance très-générale pour la fécondation.

Des cellules antipodes (*Gegenfuesslerzellen*). — Celles-ci apparaissent, comme leur nom l'indique , à l'extrémité inférieure du sac embryonnaire ; on les voit déjà complétement développées à l'époque où les vésicules ne sont encore que des amas de protoplasma mal déterminés. Leur membrane est beaucoup plus résistante que celle des vésicules, et ne se dissout point dans le liquide de la préparation. Le nombre de ces cellules est très-variable dans les diverses espèces , mais à peu près constant dans la même. On n'en observe qu'une dans le *Naias major*, l'*Hippeastrum aulicum*, le *Bonapartea juncea*, le *Pedicularis*, le *Lathræa ;* c'est elle qui cause l'énorme excroissance vide que l'on a figurée à la partie inférieure du sac embryonnaire de cette dernière plante. M. Schacht est disposé à interpréter de la même manière le prolongement filamenteux de la même partie offert par le *Sechium edule*. On en observe 2 ou 3 dans la plupart des Liliacées et des Iridées, et de 6 à 12 dans les Triticées. Quelquefois elles manquent complétement, par exemple dans le *Merendera caucasica,* et en général dans les Orchidées.

Dans la grande majorité des cas, ces cellules sont fortement apprimées contre la paroi inférieure du sac embryonnaire.

On ne voit jamais ces cellules donner lieu à un dévelop-

pement ultérieur, ni participer à la formation de l'endosperme. Dans un seul cas (*Crocus vernus*), M. Schacht a
vu des cellules se former dans les antipodes, mais par
monstruosité, car l'albumen ne s'était pas développé d'une
manière normale. On ne sait pas si ces antipodes exercent
le moindre rôle relativement à la fécondation.

Ce sont à peu près là toutes les productions de forme
définie que l'on ait observées dans le sac embryonnaire,
surtout si l'on y joint la mention de quelques grains de
fécule observés sur le *Merendera caucasica*, dans le protoplasma de la paroi qui recouvre les vésicules embryonnaires ; ces grains disparaissent avant la fécondation.

Dans la plupart des cas, le sommet du sac embryonnaire persiste jusqu'à la fécondation comme une membrane complétement homogène ; dans d'autres, selon
M. Hofmeister, on y remarque un système de raies diver-
gentes qui n'est autre chose que celui que nous avons décrit plus haut, en le rapportant, avec M. Schacht, aux
vésicules embryonnaires. Ce qui confirme l'opinion que
nous adoptons ici, c'est que ce système est souvent double
et en rapport avec la saillie de chaque vésicule ; il paraît,
du reste, s'écarter de cette vésicule après la fécondation,
et c'est sans doute à cause de cette particularité que
M. Hofmeister l'en croit indépendant. D'ailleurs ce savant
lui-même reconnaît que sur les vésicules non fécondées il
est facile de détacher cet appareil de la paroi du sac.

Tels sont les organes qui vont se trouver mis en rapport
dans le grand acte de la fécondation, et de l'action réciproque desquels résultera la formation de l'embryon végétal.

L'acte de la fécondation est loin d'être simple. Il se com-

pose de plusieurs actes successifs. Il faut, pour qu'il s'ac-
complisse, que le pollen soit porté sur le stigmate, et ensuite qu'il parvienne du stigmate jusqu'à l'ovule. Le premier
de ces phénomènes est extérieur, et dépendant, jusqu'à un
certain point, d'agents extérieurs qui peuvent le faciliter
ou l'entraver, et dont nous allons traiter dans le chapitre
suivant.

CHAPITRE III.

Des agents qui facilitent ou entravent la fécondation.

Nous traiterons d'abord des agents favorables au transport du pollen sur le stigmate, et nous distinguerons dans cette étude : 1° le rôle des enveloppes de la fleur, 2° le rapport de position des organes mâle et femelle dans la fleur, 3° la déhiscence des anthères, 4° les mouvements des étamines, 5° les mouvements des styles, 6° le concours apporté par les insectes et par le vent, 7° certaines circonstances météorologiques. Il est d'ailleurs à remarquer que nous ne parlerons ici que des phénomènes de fécondation observés dans la même fleur ; tout ce qui est relatif aux fécondations croisées devant être l'objet d'un chapitre particulier de cette thèse.

A. DES AGENTS QUI FACILITENT LA FÉCONDATION.

1° *Rôle des enveloppes de la fleur.* — On répète depuis longtemps, dans plusieurs traités de botanique, que le pé rianthe exerce une influence utile à la fécondation, en protégeant les organes sexuels qu'il renferme. Il est évident que ses brillantes couleurs et parfois son odeur servent à attirer les insectes qui, comme nous le développerons plus bas, sont quelquefois d'une extrême utilité pour assurer la fé condation. Cependant il ne faudrait pas s'exagérer l'importance du périanthe. On connaît un grand nombre de plantes qui portent deux sortes de fleurs : les premières vernales,

avec une corolle bien développée, stériles, et les secondes
estivales, avec une corolle rudimentaire, et fertiles. Le
fait est fréquent dans le genre *Viola*, l'*Oxalis acetosella*.
Il est vrai que dans ces cas les étamines sont imparfaitement développées dans les premières fleurs. Mais, dans plusieurs Légumineuses des genres *Vicia*, *Lathyrus*, *Amphi-
carpœa*, *Arachis*, *Voandzeia*, *Stylosanthes*, *Chapmania*,
il existe des fleurs parfaites, situées sur des branches supérieures dressées, et d'imparfaites, quant à la corolle, qui
donnent seuls des fruits, bien que les deux sortes de fleurs
aient les organes sexuels bien conformés. Le plus souvent
les fruits produits par ces fleurs radicales, si l'on peut ainsi
parler, s'enfoncent en terre pour y mûrir. On pourrait encore citer d'autres fleurs à corolle imparfaite qui produisent
du fruit, notamment dans les genres *Lamium*, *Salvia*,
Mentha, *Arenaria*, etc. (1).

Il faut remarquer d'ailleurs ici que les verticilles extérieurs de la fleur ne peuvent guère servir à favoriser la fécondation, quand ils se détachent au moment même de
l'épanouissement (*Thalictrum*).

Ces réflexions nous conduisent à accorder peu de con-
fiance aux expériences de Murtel, qui prétend (2) que si on
coupe les pétales lorsqu'une fleur commence à s'épanouir,

---

(1) Les botanistes descripteurs n'ont pas manqué de saisir cette
occasion, pour créer, comme ils disent, des espèces nouvelles. Le
Lamium bifidum DC. a une forme à fleurs imparfaites qui
est devenue pour Gussone le *Lamium cryptanthum*; l'*Arenaria
graminifolia* Arduini et l'*A. clandestina* Portenschlag ont été reconnus par Visiani comme étant la même espèce, à pétales très-petits
dans la dernière forme.

(2) *Traité de la végétation*, I. p. 178.

toutes les autres parties périssent ; tandis que si on le fait plus tard, l'embryon semble ne s'en fortifier que mieux.

Si les pétales jouent dans quelques cas un rôle vraiment protecteur, ce n'est guère que pour garantir les organes floraux contre l'influence de l'eau, ainsi que nous l'étudierons plus bas.

Mais on ne saurait nier que les verticilles extérieurs de la fleur ne servent à la fécondation par les mouvements qu'ils déterminent. Ainsi, dans les Indigotiers et dans quelques Luzernes, les pièces de la carène sont fixées à l'étendard par des protubérances latérales en forme de crochets ; lorsque le développement de la fleur s'achève, ces crochets se détachent, et la carène, n'étant plus retenue, se déjette avec élasticité, et détermine la chute du pollen. Ainsi encore dans le *Lopezia racemosa* du Mexique, il existe un organe pétaloïde en forme de cuiller placé en face de l'étamine unique, et des deux nectaires situés au-dessus d'elle, qui reçoit dans son intérieur le pollen et le nectar, et s'abaisse ensuite sur le stigmate ; à ce moment celui-ci développe un bouquet de poils pour mieux retenir encore le pollen. Dans les Violettes, le pollen s'amasse visiblement dans l'onglet concave et velu du pétale éperonné, là où le stigmate, en s'inclinant, peut facilement le rencontrer. Dans certaines fleurs, et M. Fermond a insisté sur ce fait (1), les divisions du périanthe se rapprochent des organes sexuels, et s'appliquent sur eux soit encore vivantes (Malvacées), soit déjà flétries (*Hemerocallis,* etc.). M. Fermond a remarqué que les fleurs de l'*Hemerocallis*

(1) *Recueil des travaux de la Société d'émulation pour les sciences pharmaceutiques*, t. III, 1859.

fulva, qui sont rarement fécondes, fructifient presque toujours lorsque leur périanthe, en se flétrissant, rapproche ses parties de manière à en envelopper le stigmate.

Quelquefois aussi le périanthe sert à la fécondation par les poils dont il est muni ; par exemple le périanthe externe des Iris, dont les poils reçoivent le pollen et le rendent aux stigmates. Comme la déhiscence est extrorse, la fécondation serait difficile sans cette précaution de la nature. D'autres fois, le périanthe agit en protégeant les organes sexuels contre l'influence nuisible de l'eau, ainsi que nous le verrons plus loin.

2° *Rapport de position des organes mâle et femelle dans la fleur.* — Dans un grand nombre de fleurs hermaphrodites, les étamines portent les anthères plus haut que les stigmates, et, dans ce cas, la fleur est habituellement dressée, de sorte que le pollen, en s'échappant des anthères, tombe naturellement sur le stigmate.

Dans plusieurs, au contraire, les styles se prolongent, de manière à dépasser sensiblement la longueur des étamines. Dans ce cas, la fleur est habituellement penchée et renversée, et le pollen peut encore tomber sur le stigmate ; c'est ce qu'on observe dans le *Campanula stylosa,* le *Fuchsia,* etc.

Dans les *Aloe,* la fleur, dressée avant et après la fleuraison, est entièrement recourbée au moment de la fécondation ; le style y dépasse les anthères ; on remarque des phénomènes analogues dans plusieurs Liliacées.

Dans beaucoup de Labiées et de Scrofulariées, le stigmate occupe une position intermédiaire aux anthères portées par les grandes et par les petites étamines, de sorte que la fécondation est assurée, quelle que soit la position de la fleur. Mon ami M. Éd. Bureau a remarqué dans le genre *Reyesia*, jadis placé parmi les Bignoniacées, et qui, selon cet excellent observateur, appartient aux Scrofulariées , un phénomène fort intéressant, encore inédit. Il existe dans cette plante quatre étamines didynames, les deux plus longues en arrière, présentant des loges polliniques d'égale dimension, les deux plus courtes en avant, adhérentes l'une à l'autre par l'enchevêtrement des papilles dont leur surface est revêtue, et renfermant deux loges inégales, la postérieure plus large que l'antérieure. L'extrémité du style s'élargit en une sorte de cuiller bordée de papilles stigmatiques, qui s'applique sur la partie postérieure des anthères antérieures et les comprime. La fente par laquelle se fait la déhiscence de ces anthères est cachée dans la concavité de la cuiller, et le pollen ne peut s'échapper sans toucher aux papilles stigmatiques qui en bordent le pourtour (1). Dans les Synanthérées, les Violettes, les Lobélies , les rapports des organes staminaux avec le stigmate sont plus intimes. Il est vrai que, dans les Composées, le style dépasse les éta-

(1) L'excès de volume des deux loges postérieures des anthères antérieures est très-remarquable. Il se produit malgré la compression que subissent ces loges de la part du stigmate. « Ce volume, dit M. Bureau (*Bull. Soc. bot. Fr.*, janvier 1863, actuellement sous presse), est en rapport avec l'importance de leurs fonctions; il ne peut guère avoir d'autre cause que le *stimulus* produit sur cette partie de l'organe mâle par le contact immédiat et permanent de l'organe femelle, et la plus grande énergie vitale qui en est la conséquence. Il est inutile d'établir ici avec des faits pris dans le règne animal une comparaison qui vient naturellement à l'esprit, mais cette réaction de la fonction sur l'organe mérite d'être notée en botanique, car le règne végétal en fournit peu d'exemples. »

mines ; mais il n'en a pas toujours été ainsi : l'organe femelle était encore fort court quand les anthères, soudées en manière de gaîne, avaient déjà pris tout leur développement ; plus tard, le style croît, il s'élève au milieu de sa gaîne, et, à mesure qu'il s'allonge, les poils dont il est extérieurement couvert ramassent les grains de pollen, qui de là passent sur le stigmate. Dans le *Nolana prostata*, au contraire, le style est d'abord beaucoup plus long que les étamines, qui s'allongent consécutivement pour porter les anthères à peu près à la hauteur du stigmate.

Dans les *Rumex*, les trois lobes stigmatiques passent entre les anthères pour aller se fixer aux lobes du périanthe.

Dans les Asclépiadées, où le pollen est compacte et céracé, on trouve aux angles du stigmate, entre chaque paire d'étamines, un petit corps ovoïde, cartilagineux, de couleur brune, qu'on a nommé *rétinacle*, en le comparant au rétinacle des Orchidées. De ce corps, émanent deux filets qui, l'un à droite, l'autre à gauche, vont se rattacher aux masses polliniques les plus voisines, de sorte qu'à l'aide de ses filets appendiculaires chacun des cinq corps cartilagineux tient appendues deux masses polliniques appartenant chacune à une anthère différente.

Dans les Orchidées, la fécondation naturelle est très-difficile ; car, à la difficulté de dispersion du pollen, qui est réuni en masses solides, se joint la situation de l'anthère, située au-dessus du stigmate, mais séparée de lui dans beaucoup de genres exotiques par un rostre allongé. Les mouvements de l'appareil anthérifère et l'influence des insectes sont souvent nécessaires pour que la fécondation puisse s'opérer. Nous insisterons plus loin sur ce sujet.

Quand la position relative des anthères et du stigmate est défavorable à la fécondation, on peut quelquefois obvier artificiellement à cet inconvénient. Le lis blanc ne fructifie à peu près jamais dans les jardins, et la longueur du style de cette plante porte le stigmate un peu au-dessus des étamines. Or on sait, depuis Gesner, qu'il est assez facile d'obtenir des capsules de lis en coupant la tige fleurie et en la suspendant par la base. M. Fermond paraît croire qu'on facilite ainsi la fécondation ; d'autres botanistes pensent que par ce moyen on fait simplement refluer des sucs nourriciers dans l'ovaire.

3° *Déhiscence des étamines.* Nous ne faisons ici que signaler cette cause adjuvante du transport du pollen, et qui est surtout appréciable quand l'élasticité des parois anthérales, due à la membrane fibreuse décrite par Purkinje, est bien développée. On sait, par les travaux de plusieurs observateurs, et principalement par ceux de M. Chatin, partiellement confirmés par les recherches plus récentes de M. Ad. Targioni-Tozzetti, que cette tunique fibreuse manque dans un certain nombre de familles, surtout dans celles où l'on observe la déhiscence porricide des anthères (Éricinées, Monotropées, *Solanum* (1), etc). Il est difficile de comprendre comment a lieu, dans ces cas, l'émission du pollen.

4° *Mouvements des étamines.* — Ces mouvements ont été décrits par tous les auteurs classiques. M. Gœppert

(1) La tunique fibreuse existe dans le genre *Lycopersicum*, dont la déhiscence est latérale.

en a fait l'objet d'un travail physiologique spécial (1);
M. Baillon a réuni les faits connus à cet égard dans sa
thèse de concours (2), et a proposé pour quelques-uns
d'entre eux une interprétation nouvelle ; récemmment
M. Kabsch a publié encore un travail spécial sur ce
sujet (3).

Ces mouvements sont très-variés : les uns sont lents et
se produisent au moment de l'anthèse. Ainsi les étamines,
tordues en faisceaux dans les Lins, les Géraniacées, con-
tournées en spirale de haut en bas dans les *Clerodendron*,
infléchies dans les *Croton*, se redressent lors de l'anthèse
et deviennent rectilignes. Ainsi encore ces organes, en se
redressant, détachent par la base la corolle des Vignes,
des Myrtacées, etc. Chez les *Poranthera*, l'anthère, qui
est déhiscente par son sommet, est d'abord dressée en haut
d'une étamine rectiligne qui se courbe et s'infléchit vers
le centre de la fleur, lors de l'épanouissement, de manière
à tourner en bas l'orifice par lequel tombe le pollen.

Des mouvements les plus lents de l'androcée on peut
passer, par toutes les gradations, au mouvement subit où
l'irritabilité se dévoile dans sa plus grande énergie. Il faut
citer ici les mouvements staminaux des *Fraxinelles*, du
Zygophyllum Fabago, des *Capucines*, des *Geranium*, des
Dianthus, du *Stellaria holostea*, des Cistes, des *Poin-*

(1) Sur l'irritabilité des étamines du *Berberis*, in *Linnæa*, 1828,
et *Ann. sc. nat.*, t. XV, p. 69.

(2) *Des Mouvements dans les organes sexuels des végétaux
et dans les produits de ces organes*, 1856.

(3) *Anatomische und physiologische Beobachtungen ueber
die Reizbarkeit der Geschlechtsorgane*, in *Bot. Zeit.*, 1861,
n⁰ˢ 54 et 55.

ciana, du Marronnier d'Inde , des *Sedum Telephium* et *S. reflexum*, du *Geum urbanum*, de l'*Agrimonia Eupatoria*, du *Saxifraga dactylioides*, du *Fritillaria persica*, des *Tamarix gallica*, *Polygonum orientale* et *Hyoscyamus aureus*. Dans toutes ces plantes, les étamines se rapprochent à certains moments du pistil pour y lancer la poussière pollinique.

Chez d'autres plantes, le même phénomène se produit plus rapidement, et peut en outre être notablement activé par l'excitation. Certains *Cereus*, si l'on passe la barbe d'une plume sur les filets des étamines, les redressent vers le pistil par un mouvement continu que l'œil peut suivre ; de même les *Loasa*, les *Cajophora*, les *Parnassia*, les *Butomus*, les *Ruta*, les *Opuntia*.

Il est intéressant d'étudier dans quel ordre s'opère le rapprochement des étamines. Quelquefois elles se rapprochent toutes à la fois, comme dans le Tabac, quelquefois l'une après l'autre comme dans le Lis et le *Parnassia*, quelquefois par faisceaux. Dans les *Dianthus*, ce sont les étamines les plus rapprochées du style qui commencent la fécondation, et les plus éloignées qui la terminent. Dans la plupart des Renonculacées, les étamines sont serrées contre le pistil, et s'en écartent successivement après leur déhiscence, comme si elles étaient devenues inutiles. On comprend du reste que cela doit dépendre de l'ordre de développement de ces organes. Ainsi, chez les Caryophyllées, les Rutacées et les Onagrariées, presque toujours le verticille des grandes étamines a terminé la déhiscence de ses anthères avant que le verticille des petites ait commencé à ouvrir les siennes ; il y a, chez ces plantes, rapport direct entre l'ordre de naissance et celui de maturation, comme chez les Coriariacées,

Géraniacées, Malvacées, Mimosées, Saxifragées, Crassulacées, Mélastomacées, Rosacées, Myrtacées, Monotropées, Dioscorées, Mélanthacées, Tradescantiées, Hypoxydées, Asparaginées, Asphodélées, Liliacées, Amaryllidées. Au contraire, il y a rapport inverse entre l'ordre de naissance et l'ordre de maturation des étamines dans les *Cassia* et dans quelques *Oxalis* (1).

Le mouvement rapide, instantané, des étamines, se présente dans quelques fleurs avec une intensité remarquable. Tous les auteurs citent à cet égard le *Berberis vulgaris ;* on a constaté les mêmes phénomènes chez les *Berberis cretica, cristata, emarginata, nepalensis, ilicifolia, sibirica,* et dans le *B. Lycium ;* le *Berberis Darwinii,* mis en expérience par M. Baillon dans la serre tempérée du Muséum, où il fleurit à la fin de l'hiver, avait des mouvements très-peu énergiques. Plusieurs autres plantes de la même famille ont présenté le même phénomène, notamment les *Mahonia Aquifolium* Nutt. et M. *fascicularis* DC. Dans ces plantes, dès que l'étamine, qui était placée dans la concavité du pétale auquel elle est superposée, a été touchée, son filet se courbe en dedans, et son sommet, décrivant un axe de cercle, vient tomber sur le pistil. Caodo (2) a vu, après avoir arraché les étamines, qu'elles se courbaient encore en se mouvant. Dans les *Kalmia,* les anthères sont retenues dans de petites fossettes qui occupent le fond de la corolle ; les étamines se courbent d'abord

---

(1) Voy. Chatin, *Recherche des rapports entre l'ordre de naissance et l'ordre de déhiscence des étamines,* in *Bull. Soc. bot. Fr.,* I, 279.

(2) *Discorso della irritabilita d'alcuni flori,* etc., 1764.

pour les dégager, et alors seulement se redressent au-dessus du pistil.

Dans l'*Amaryllis aurea* et le *Sparmannia africana,* les mouvements des étamines, qui sont rapides et instantanés, se produisent par saccades, en plusieurs temps. Dans la première de ces plantes, les étamines s'agitent d'une sorte de mouvement convulsif ; dans la seconde, elles s'écartent par petites secousses du centre de la fleur, au moment où on les touche.

On s'est beaucoup occupé de déterminer le siége de ce mouvement des étamines. Kœlreuter avait établi, dès 1772 (1), que c'est en touchant la base de la face interne du filet qu'on détermine l'incurvation des étamines des *Berberis.* M. Kabsch pense que les agents de ce mouvement sont les cellules papilleuses dont est couvert le filet au moment de la floraison. Aussi, comme les filets sont lisses dans le *Ruta* et le *Parnassia ,* il est obligé d'admettre que dans ces plantes le mouvement n'est point causé par l'irritabilité, ce qui arrive, comme nous le verrons, dans d'autres plantes.

Les observateurs, et particulièrement M. Gœppert, ont étudié l'action des agents extérieurs sur l'irritabilité des étamines. De Humboldt (2) appliqua l'électricité sur elles : les étamines furent redressées, mais perdirent leur irritabilité. Nasse (3) a mis le pôle positif de la pile en communication avec le pédoncule floral, et le pôle négatif avec le sommet de la fleur : il vit que les étamines se mouvaient

(1) *Nov. act. Acad. sc. Petropol.*, VI, 1790.
(2) *Ueber die Gereitze Muskel,* II, 193.
(3) *Gilbert's Annalen,* 1812, p. 293.

avec activité. Treviranus en conclut que l'organe possède
l'électricité positive, conclusion qui nous paraît au moins
bien hasardée. Une température de 57° à 66° détruisit tout
effet dans d'autres expériences de Nasse, entreprises avec
de l'eau chaude. L'acide cyanhydrique, l'eau d'amandes
amères, de Cannelle, d'*Acorus*, les acides acétique, sulfuri-
que, et d'autres acides, font contracter instantanément les
étamines, quand on en projette quelques gouttes sur la
fleur; une goutte d'eau pure, tombant d'une hauteur de
3 pouces, ne détermine aucun mouvement. D'ailleurs
ces mêmes agents, quand on les fait absorber aux plantes,
détruisent au contraire l'irritabilité; le sulfure de carbone
agit très-vivement à cet égard; les fleurs plongées dans le
chloroforme par M. Baillon ont perdu toute irritabilité
en une demi-heure, puis, retirées de la cloche, elles l'ont
recouvrée. Quant aux différentes substances narcotiques et
stupéfiantes, elles n'exercent sous ce rapport aucune action.

Je ne veux pas m'engager dans l'étude de l'irritabilité
végétale, qui m'entraînerait trop loin, et je reviens à
mon sujet.

Je disais plus haut qu'il est des mouvements rapides
qui ne tiennent évidemment pas à l'irritabilité; tels sont
ceux que présentent les Orties et les Pariétaires. Sans
doute ici le filet des étamines se redresse subitement au
moment où la fleur vient de s'ouvrir, et le pollen est ainsi
lancé au loin; mais dans le bouton ces étamines sont
courbées, parce que leur sommet est maintenu appliqué
au-dessous du rebord saillant du gynécée rudimentaire.
Quand les folioles calicinales s'écartent, l'étamine, n'étant
plus ainsi maintenue, se redresse en vertu d'une simple
élasticité.

Dans les Stylidiées, le style est soudé, comme l'on sait, avec les étamines ; il en résulte une colonne unique ou gynostème. Celui-ci est fléchi deux fois sur lui-même, et déjeté du côté antérieur de la fleur. Au moment de la déhiscence des anthères, si l'on secoue la plante ou qu'on ouche légèrement le gynostème, celui-ci se redresse aussitôt, et remonte jusqu'à ce qu'il occupe l'axe de la fleur ; il la dépasse même, et s'incline de l'autre côté de la tige. Abandonné à lui-même, il revient à sa position primitive.

Dans d'autres cas, les mouvements des étamines sont déterminés par une sorte de bascule. On sait que dans les Sauges les connectifs sont très-allongés, et portent à leur extrémité, d'un côté, une anthère transformée en glande mellifère, de l'autre, une anthère normale ; l'ensemble est en équilibre sur le filet. Quand le miel est sorti de la glande, l'anthère tombe du côté du stigmate. Dans le *Physogeton*, Chénopodiacée qui croît sur les bords de la mer Caspienne, M. Moquin-Tandon a fait connaître un appareil fort curieux. Ici le connectif se dilate en une petite vessie colorée qui se remplit pendant la floraison, et qui, quand elle est pleine, tombe vers le côté extérieur de la fleur en rapprochant les anthères du centre de cet organe ; c'est un phénomène inverse du précédent.

J'arrive aux phénomènes intéressants que nous offre la famille des Orchidées. J'ai déjà signalé la difficulté de la fécondation naturelle dans beaucoup de genres de cette famille, à cause de la position relative des masses polliniques et du stigmate. La nature y a, dans certains cas, obvié par l'élasticité dont elle a doué l'appareil anthérifère de ces plantes. Chacun sait que les *Mormodes*, les

Catasetum, plusieurs genres de la tribu des Vandées, projettent leurs masses polliniques au loin, quelquefois à un mètre de distance. On trouve fréquemment des masses polliniques sur les feuilles inférieures des *Epipactis,* et j'ai entendu dire à M. Brongniart qu'un auteur ancien avait cru que le pollen était directement produit dans ces cas par la surface de la feuille. Malheureusement pour la fécondation, l'anthère ainsi projetée atteint rarement le stigmate. M. Baillon a vu, il y a plusieurs années, dans le *Catasetum luridum* (1), que le rétinacle, tout chargé du suc sécrété par la substance glanduleuse, est projeté en avant, entraînant après lui le caudicule et les masses polliniques, traverse horizontalement la cavité de la fleur, et va toujours se fixer au point le plus concave du labelle qui fait face au gynostème, exactement sur la ligne médiane. Les masses fécondantes sont alors présentées justement en face de l'appareil stigmatique ; mais, si elles sont placées un peu trop haut ou trop bas, elles peuvent encore changer de place dans le sens vertical, par suite de la très-grande mobilité que leur donne l'articulation de l'extrémité du caudicule avec le rétinacle. Ce fait a été nié par M. Ménière (2) et par M. Darwin. M. Ménière a vu que dans certains Catasetum le caudicule, en vertu d'une rétraction progressive, amenait les *pollinia* dans la cavité de l'organe femelle, et déterminait ainsi la fécondation. Rien n'empêche que tous ces moyens ne soient employés par la nature. Quant à M. Darwin, il raisonnait sous l'em-

(1) *Sur le mode de fécondation du* Catasetum luridum, Lindl., in *Bull. Soc. bot. Fr.,* 1, 285.

(2) *Note sur la fécondation des Orchidées,* même recueil, 1, 367.

pire d'une idée préconçue que nous examinerons plus loin.

L'agent de ce mouvement pollinique est le caudicule, qui
est doué d'une élasticité considérable, et qui, diversement
courbé dans le bouton en vertu de son propre accroisse-
ment, se redresse quand les pollinia deviennent libres,
et, s'appuyant sur le gynostème, lance subitement tout l'appareil en l'air.

5° *Mouvements des organes femelles.* Ces mouvements,
comme ceux que nous venons d'examiner, sont lents ou su-
bits. Nous étudierons d'abord les premiers.

Le style infléchi des *Clerodendron* se redresse peu à peu;
au contraire, un style d'abord dressé s'infléchit ensuite
lentement jusqu'à ce que sa portion stigmatique arrive au
niveau des anthères; on en voit des exemples dans le
Methonica superba, le *Lilium superbum*, les *Hibiscus*, le
Sida americana, les *Passiflora*, les *Nigella*, les *Turnera*,
les *OEnothera*, les *Epilobium* et certains *Cereus.*

Des mouvements rapides s'observent dans le stigmate
des *Mimulus*, des *Diplacus*, etc. Si l'on prend des *Mimulus*
dont les deux lames stigmatiques sont écartées, et qu'on
laisse tomber un grain de poussière sur la face interne de
ces lames, ou qu'on les irrite avec une épingle, elles se
referment aussitôt.

La coupe stigmatique des *Goodenia*, que nous avons décrite plus haut, se referme également sur le póllen; la
structure est analogue dans le genre *Leschenaultia*. Don
a décrit un curieux phénomène d'irritabilité dans une portion de l'appareil femelle du Mélèze (1). Au moment de

---

(1) *Sur l'irritation du stigmate du Pinus Larix,* in *Ann. sc.
nat.*, t. XIII, p. 83.

l'émission du pollen, cet observateur a vu le canal qui fait dans ces plantes les fonctions de canal stylaire, et que B. Brown a considéré comme un appendice tubuleux du tégument de l'ovule, étaler la surface interne de ses parois, recouverte d'un tissu papilleux, recevoir le pollen, et ensuite se contracter et les rapprocher.

Les poils simples et unicellulaires qui garnissent le style des Campanules sont susceptibles d'un mouvement d'invagination que M. Brongniart a décrit depuis longtemps. Le mouvement de ces organes rentrant dans leur base entraîne peu à peu dans cette double gaîne les grains de pollen qu'il avait retenus au passage, et les rapproche ainsi du stigmate. M. Hartig pense que les grains de pollen, une fois engagés dans le tissu superficiel du style, s'y brisent et se vident de leur contenu, que le tissu ambiant absorbe et transmet jusqu'au lieu précis de l'imprégnation. Cette opinion, réfutée par M. Schleiden (1), est entièrement controuvée.

Ce serait ici le lieu de dire un mot du *mouvement d'aspiration* qui a été remarqué dans le stigmate des Orchidées, quand on pratique sur elles la fécondation. Quand on place la masse pollinique à une petite distance de l'organe femelle, on la voit entraîner, comme happée par le stigmate. Cela est particulièrement remarquable dans la Vanille.

Quelquefois les deux organes mâle et femelle exécutent simultanément des mouvements favorables au transport du pollen. Ainsi, dans plusieurs Synanthérées (*Arctium*,

_____

(1) *Die neueren Einwuerfe gegen meine Lehre von der Befruchtung,* t. III, p. 13; Berlin, 1844.

Atractylis, Carduus, Carlina, Carthamus, Echinops, Onopordon, Serratula, Centaurea, Helianthus), les filets se rapprochent pour mieux embrasser le stigmate, en même temps que celui-ci s'allonge pour passer entre eux, mouvement qui, comme je l'ai dit plus haut, l'avait fait regarder par Grew comme étant l'organe mâle.

Les mouvements des organes sexuels des plantes ont été décrits par Desfontaines (*Mémoires de l'Acad. des sciences de Paris pour 1733, et Encycl. méth., bot.,* art. Irritabilité); par Medikus (*Pflanzenphys.* t. I, p. 58-88, et passim); et par Smith (*Trans. phil.,* 1788).

6° *Du concours des agents extérieurs.* Le concours des insectes est reconnu depuis longtemps comme fort utile à la fertilisation des fleurs. Au temps même où Spallanzani combattait la doctrine de Linné, Conrad Sprengel la fortifiait par ses observations sur le rôle que les insectes jouent dans la fécondation. Ce patient observateur se rendait seul dans la campagne, et, couché au pied d'une plante, il épiait sans bruit l'instant où l'insecte se posait sur la fleur pour y puiser le nectar, et le voyait en même temps répandre les grains de pollen sur l'organe femelle (1). M. Darwin s'est montré non moins zélé que Sprengel dans l'interrogation de la nature, en étudiant la fécondation des Orchidées (2). Il a étudié attentivement les insectes qui en visitent habituellement les fleurs et en

(1) *Das entdeckte Geheimniss der natur im Bau und in der Befruchtung der Blumen.* Bealin, 1793.

(2) *On the various contrivances by which british and foreign Orchids are fertilised by insects.* Un vol. in-8 de 365 pages. London, 1862.

donne la liste ; il les a surpris emportant les masses polliniques attachées à leur trompe ; il a examiné, dans quelques prairies, toutes les fleurs de certaines espèces d'Orchidées indigènes, et compté dans combien de fleurs ces
masses avaient été enlevées : ce nombre est en moyenne
double de celui des fleurs restées intactes en apparence.
Plusieurs apiculteurs ont remarqué que les Abeilles ont
quelquefois la tête chargée de masses polliniques d'Orchidées fortement adhérentes, ce qui leur donne une physio-
nomie très-singulière. Un d'eux, voisin du jardin de la Faculté de Médecine, cité par M. Méuière (l. c.), s'est plaint
de ce que ses abeilles, revenant de butiner dans le jardin
(et s'étant probablement introduites dans les serres),
avaient la tête chargée de ces corps jaunes, dont elles ne
pouvaient se débarrasser.

Les Abeilles et les autres Hyménoptères ont plusieurs
moyens de féconder les fleurs des Orchidées. Tantôt c'est
en transportant directement sur un stigmate le pollen d'une
autre fleur, et cette circonstance, sur laquelle nous reviendrons, a été invoquée par divers observateurs comme cause
fréquente d'hybridation dans cette famille ; tantôt c'est en
pénétrant dans la fleur que la trompe de l'insecte, en frô-
lant les pollinia, met en jeu l'élasticité du caudicule, et
fait tomber les pollinia sur le stigmate ; d'autres fois,
comme dans les *Cypripedium*, c'est seulement en retirant
sa trompe qu'il emporte avec lui une ou deux des masses
polliniques.

Le concours des insectes a été regardé par beaucoup de
savants comme absolument nécessaire pour la fécondation
des Orchidées. M. Darwin a consacré toute l'énergie de
son rare talent à la défense de cette théorie. M. Bron-

gniart, M. Guépin (1), M. Ménière, ont adopté la même
opinion. Malgré ce concours imposant de témoignages divers, elle ne saurait prévaloir contre l'observation si pré-
cise, intéressante, que l'on doit à M. Hofmeister et que
je reproduirai ici pour ne pas scinder cette discussion, bien
qu'elle dût être mieux à sa place dans un chapitre ultérieur. En observant des *Orchis Morio* placés sous une cloche
de verre humide, le savant allemand a vu les tubes polliniques se former dans l'anthère elle-même, en sortir par
sa face antérieure et serpenter en faisceaux onduleux de
chaque côté du rostre pour arriver au stigmate (2). Nous
citerons textuellement ce passage. « Bei Najas major, sowie
« bei Exemplaren von Orchis Morio die in sehr feuchter
« Luft (unter Glasglocken) vegetirten, sah ich œfters den
« Pollen schon in der, eben geœffneten, Anthere massen-
« haft Schlæuche treiben. Diese Schlæuche fanden bei
« Orchis Morio den Weg bis in die Ovarien : sie traten aus
« Antherenspalten vielfach Verschlungen und gekruemmt
« als ein dichter Filz hervor, folgten aber beim Weiter-
« wachsen, wenn auch unter mannigfachen wellenfœr-
« migen Beugungen beiderseits der Vorderfläche der
« Anthere, am Rostellum vorbeigehend, bis sie die feuchte
« Narbenflæche erreichten. »

Aussi, tout en reconnaissant l'extrême utilité du concours des insectes pour la fécondation des Orchidées, ne
pouvons-nous l'admettre comme nécessaire pour toutes les
plantes de cette famille. Quant aux plantes dioïques, à l'é-
gard desquelles le concours de ces utiles auxiliaires de la

(1) *Annales de la Société linnéenne d'Angers*, 1er vol., p. 101.
(2) *Neue Beitræge*, etc., *Monok.*, p. 683.

nature est d'une importance plus grande encore, nous y reviendrons en traitant des fécondations croisées. Il est vrai qu'un certain nombre d'Orchidées, que l'on croyait récemment encore hermaphrodites, rentrent aujourd'hui dans ce groupe, notamment plusieurs Catasétidées (1).

Je ne dois pas passer sous silence les causes qui attirent les insectes sur les fleurs. L'odeur cadavéreuse de certaines Aroïdées est dans ce cas ; il en est de même de celle des *Rafflesia*. Mais c'est évidemment le nectar produit par les fleurs qui les sollicite le plus efficacement. M. Darwin a constaté que les fleurs d'Orchidées dont l'éperon est endommagé ou imparfaitement développé, et qui ne peuvent, en conséquence, attirer les insectes par leur nectar, conservent leurs masses polliniques intactes. Aussi était-il surpris de trouver toujours sec le tube nectarifère des Orchées, quand il était en bon état. Enfin il a reconnu que cet organe est formé de deux tuniques séparées par un large espace où s'accumule le nectar, que la tunique intérieure en est si délicate qu'elle peut aisément être traversée par la trompe des insectes. Schkuhr avait observé, il y a longtemps (2), qu'avant la fécondation les nectaires des *Delphinium,* des Hellébores et de la Capucine, sont vides, et ne se remplissent que pendant la durée. Pontedera (3), Soyer-Willemet (4), Perrotteau (5), ont observé

(1) Voy. Duchartre. *Note sur le polymorphisme de la fleur chez quelques Orchidées* in *Bull. Soc. bot. Fr.,* IX, 113. M. Neumann, si habile à pratiquer les fécondations artificielles, n'a jamais pu faire gonfler l'ovaire des *Catasetum,* non plus que M. A. Rivière.

(2) *Bull. sc. nat.,* VI, p. 360.

(3) Cité par Senebier, *Physiol. vég.* II, 42.

(4) *Mém. sur le nectaire.* Paris, 1826.

(5) *Ann. des travaux de la Société d'Angers,* 1823, p. 23.

des faits analogues à ceux qu'il faudrait se garder de généraliser. En effet, Desvaux (1) a coupé les nectaires de la Nigelle de Damas, et même celui des *Orchis,* sans nuire à la fécondation de ces plantes. Sur 184 familles, Kurr n'a reconnu la présence d'organes nectarifères que dans 84. Aussi peut-on croire que le nectar est utile à la fécondation en altérant les insectes, mais n'est pas nécessaire, puisqu'un grand nombre de fleurs peuvent se passer de leur concours pour nouer leurs fruits. Ce n'est pas que le nectar ne puisse être utile à la fécondation d'une autre manière ; nous en avons cité un exemple curieux dans l'organisation du *Lopezia.* M. Joseph Hooker en a décrit un autre dans le *Listera ovata* (2). D'après cet éminent observateur, peu après l'épanouissement de la fleur de cette Orchidée, il suffit d'en toucher le rostre pour voir sortir aussitôt, aux deux côtés de son extrémité, deux masses blanches, visqueuses, confluentes, sorte de sécrétion glanduleuse qui assure la fécondation en retenant les masses polliniques sur le rostre où elles se désagrégent, et d'où les grains polliniques peuvent ensuite arriver au stigmate. Le labelle aussi sécrète dans cette espèce, sur la ligne médiane, un liquide visqueux qui retient les masses polliniques lorsqu'une cause quelconque les détache avant la sortie des deux glandes du rostelle.

Il faut rapprocher de l'action des insectes celle des oiseaux-mouches et des colibris, qui vont comme eux recueillir le nectar des fleurs. Labillardière (3) dit que le

(1) *Ann. Soc. linn. Paris,* vol. V.

(2) *Phil. trans.,* 1854, 259-263; et *Ann. sc. nat.,* 4e série, tom. III, 85-90.

(3) *Voy.,* t. I, p. 80.

Parus ater va recueillir le nectar des fleurs de l'*Agave amricana.*

Enfin, dans l'action des agents extérieurs, nous devons étudier celle des vents. Elle a été admise par les anciens avant toute observation scientifique, ainsi que nous l'avons montré dans les considérations historiques placées en tête de ce travail. Tout le monde connaît les faits observés par Bernard de Jussieu, qui vit fructifier pour la première fois des Pistachiers femelles au jardin des Plantes, une année où un Pistachier mâle avait fleuri au jardin des Chartreux, près le Luxembourg. Mais, dans ce cas, le pollen peut bien avoir été transporté aussi par les insectes.

M. Decaisne n'est guère disposé à reconnaître au vent une telle influence ; il fait remarquer que les pieds de *Pistacia vera,* placés à côté d'individus mâles, restent stériles si on ne les féconde pas artificiellement (1). D'ailleurs il faut reconnaître que le vent peut avoir de l'influence sur la dispersion du pollen des plantes hermaphrodites, rien qu'en agitant leur appareil floral.

7° *Des circonstances météorologiques.* Il est certaines heures, certaines saisons, certains climats plus favorables que d'autres à la fécondation. Tous les horticulteurs qui s'occupent de fécondations artificielles savent qu'elles réussissent bien mieux entre huit et dix heures du matin ; on connaît bien cette circonstance à la Martinique, où les nègres sont chargés de féconder artificiellement la Vanille. Quant à l'influence de la saison,

(2) *Note sur la stérilité habituelle de quelques espèces,* in *Bull. Soc. bot. Fr.,* V, 155.

M. Brongniart a reconnu depuis longtemps, par des observations comparatives faites sur la même plante, que des pollens recueillis à l'automne émettent moins facilement leurs boyaux polliniques qu'en été, et que les mouvements des granules de la fovilla sont moins vifs. Pour ce qui est du climat, il y a ici des influences multiples ; mais chacun sait que la fructification est gênée ou empêchée par le défaut de chaleur. Il y a un grand nombre de végétaux cultivés en France, soit dans les jardins, soit en grand, qui n'y portent pas de fruits au delà d'une certaine zone. D'ailleurs il faudrait distinguer ici la fécondation, qui pourrait quelquefois avoir lieu, du développement du fruit que pourrait empêcher postérieurement la rigueur du climat.

B. DES AGENTS QUI ENTRAVENT LA FÉCONDATION.

Le principal des agents nuisibles à la fécondation est assurément le contact de l'eau. En général, tout globule de pollen qui se trouve humecté pendant qu'il est encore dans l'anthère s'ouvre intempestivement, et ne peut contribuer à la fécondation. Lorsqu'on fait développer une fleur dans l'eau, les anthères en sont comme vides, ou ne renferment aucun grain pollinique en bon état (De Candolle) ; lorsqu'une pluie abondante ou un brouillard humide atteint les fleurs au moment de l'ouverture des anthères, la fécondation s'opère mal ; c'est un accident qui est particulièrement à redouter pour la Vigne et pour le Blé.

Il existe certains préservatifs contre cette cause de stérilité des fleurs. Un certain nombre de plantes ferment leur corolle à l'approche de la nuit, comme pour éviter l'humidité, plusieurs espèces courbent leurs pédoncules vers le soir, de sorte que la corolle, renversée, est mieux à l'abri de l'humidité de l'air ; ailleurs, comme dans la Balsamine, les fleurs se cachent sous les feuilles pendant la nuit, et se mettent ainsi à l'abri des intempéries atmosphériques. La corolle cochléaire des Labiées et d'autres plantes protége manifestement leurs organes sexuels contre la pluie.

Il est un certain nombre de plantes cependant qui fleurissent étant submergées ; mais quand elles s'épanouissent, il existe dans l'intérieur de la fleur, entre la corolle et les organes sexuels, un espace libre, rempli par une petite quantité d'air, dans lequel se fait la fécondation. C'est ce qui a été vu pour le *Ranunculus aquatilis* (Ramond, Batard), l'*Alisma natans* et l'*Illecebrum verticillatum.*

Les fleurs unisexuées des *Zostera* sont mêlées dans une duplicature de la feuille, où existe une petite quantité d'air qui facilite la fécondation. D'ailleurs, le pollen confervoïde de ces plantes, sortes d'utricules allongés, d'un centimètre de longueur, est si singulièrement organisé qu'il n'a peut-être pas à redouter au même point l'influence de l'eau.

D'autres plantes aquatiques évitent l'influence nuisible de l'eau pendant leur anthèse, en fleurissant à la surface de l'eau. Les *Lemna,* qui flottent naturellement à la surface, s'y épanouissent sans difficulté. D'autres plantes, attachées au fond de l'eau par les racines, s'allongent assez pour atteindre la surface : tels sont la plupart des *Potamogeton,* et notamment le *P. amphibium,* les *Sparganium,* les *Typha,* certaines Nymphéacées (*Nymphœa alba, Nuphar luteum*).

Un troisième cas, fort analogue aux précédents, est celui des plantes qui, bien qu'implantées en terre dans leur jeu-

nesse, le sont assez faiblement pour que leur légèreté spécifique les élève à la surface de l'eau : le *Limnanthemum
nymphoides,* le *Stratiotes aloides,* qui a été naturalisé par
M. Weddell dans quelques étangs des environs de Paris,
s'élèvent à la surface sans appareil spécial pour les soulever. Quelquefois cet appareil existe. Ainsi le *Trapa natans*
germe au fond de l'eau et s'y développe. Quand la plante
arrive à l'état adulte, le pétiole des feuilles se renfle en
une vessie celluleuse pleine d'air, et l'appareil devient une
sorte de volant qui monte à la surface. Il faut rapprocher
de ces faits ceux que nous offrent le *Pontederia cordata* et
les *Utriculaires.* Chez ces plantes aussi, les rameaux sub-
mergés sont garnis d'une foule de petits utricules vésicu-
leux et remplis d'air, qui les maintiennent soulevées ; am-
poules qui ont paru à M. Irmish être la première ébauche
de la feuille d'une branche restée rudimentaire (1).

Enfin quelques plantes aquatiques se détachent, par une
véritable désarticulation, de leur partie radiculaire pour
venir flotter et fleurir à la surface de l'eau : telles sont
quelques Hydrillées, l'*Aldrovanda* et les pieds mâles du
Vallisneria.

L'histoire botanique de l'*Aldrovanda,* mal connue de
De Candolle, a été éclaircie, dans ces dernières années, par
les découvertes de l'habile directeur du jardin des plantes
de Bordeaux, M. Durieu de Maisonneuve, et par les travaux de MM. Chatin (2) et Caspary (3). L'*Aldrovanda* est,
on le sait, une Droséracée à feuilles vésiculeuses, dont les

(1) *Botanische Mittheilungen,* in *Flora,* 1858, n° 3.
(2) *Faits d'anatomie et de physiologie pour servir à l'histoire
de* l'Aldrovanda vesiculosa, in *Bull. Soc. bot.,* V, 580.
(3) *Sur* l'aldrovanda vesiculosa, in *Bull. Soc. bot.,* V, 716.

tiges, florifères ou non, apparaissent subitement, vers le mois de juin, à la surface de l'eau. On les voit monter du fond de la vase à la surface. Quand elles ont fleuri, elles recourbent sous l'eau, comme l'*Hydrocharis*, le pédicelle d'abord dressé de leurs fleurs, et la plante tout entière rentre de plus en plus sous l'eau par la destruction des feuilles de la base et le faible développement des vésicules dans celles du sommet (Chatin); puis il se développe, à l'automne, à l'extrémité de ses rameaux, des bourgeons formés de feuilles étroitement imbriquées et gorgés de fécule, qui descendent au fond de l'eau et perpétuent la plante. Ils ne se fixent par aucune radicelle, mais retiennent simplement la plante au fond de l'eau au moyen d'un mécanisme bien simple et pourtant assez curieux. Leurs restes persistent en effet à la base de la nouvelle plante, en prenant une forme que M. Durieu a trouvée très-régulière dans tous les pieds qu'il a pêchés : c'était celle d'un pavillon de trompe ou de clarinette très-ouvert, l'ouverture reposant sur le limon et y paraissant assez solidement fixée. Une légère différence de pesanteur spécifique entre cet ancien bourgeon et la plante vivante aide l'appareil à demeurer pendant quelque temps au fond de l'eau. Puis, lorsque s'opère la rupture, par le fait de la décomposition de l'entre-nœud inférieur, la plante vient flotter près de la surface (1). La rupture est d'autant plus facile que, dans les mérithalles inférieurs de la plante, on remarque fréquemment l'existence d'une lacune dans l'axe du faisceau fibreux central, et la disparition, souvent complète, des vaisseaux qui existaient dans le parenchyme cortical, où leur

(1) Voy. Durieu de Maisonneuve, in *Bull. Soc. bot. Fr.*, VI, 399.

place, restée vide, forme également des lacunes ; enfin les matières azotées ont diminué de proportion dans cette partie (Chatin).

Les phénomènes curieux offerts par la Vallisnérie ont été décrits depuis longtemps par les botanistes et par les poëtes (Delile, Castel). Micheli (1) est le premier auteur qui ait décrit avec précision la rupture du pédoncule des fleurs mâles de ces plantes, lesquelles s'élèvent à la surface de l'eau pour s'épanouir ; elles entourent alors les fleurs femelles, dont le pédoncule s'élève pour les porter à la surface, et se replie ensuite en spirale pour remporter les fleurs fécondées et les fruits de la plante au fond de l'eau. En 1729, Linné, qui avait observé la Vallisnérie spontanée dans le Finmark, en Norwége et près d'Upsal, en décrivit à peu près en ces termes la fécondation, dont Jussieu, dans son *Genera* (1789), donna plus tard une description élégante. D'après L.-C. Richard encore (2), dès le bâillement du sommet de la spathe mâle, et à mesure que sa déhiscence augmente, les fleurs, se détachant successivement de leurs pédicelles et retenant un peu d'air dans leur périanthe clos, s'élèvent comme de très-petites bulles pyriformes vers la surface, et, dès qu'elles y sont parvenues, s'ouvrent subitement ; aussitôt les anthères se rompent, et retenant le pollen, irrégulièrement congloméré, prennent l'apparence de certaines espèces de *Botrytis*.

Ce fait, qui paraissait si bien établi, et qu'admet encore

---

(1) *Nova genera*, 1729, p. 13. On sait que Micheli fait de la Vallisnerie mâle un genre particulier sous le nom de *Vallisnerioides*.

(2) *Mémoire sur les Hydrocharidées*, in *Mém. de l'Institut*, 1811, 2ᵉ partie ; Paris, 1814, p. 13 et 14.

aujourd'hui la généralité des botanistes, a pourtant été
nié par des observateurs fort sérieux. Nuttall (1), soutenant une opinion différente de celle qu'il avait admise
antérieurement dans son *Genera* (2), pense que dans le
Vallisneria americana, espèce qui n'est tout au plus
qu'une variété du *V. spiralis*, ainsi que l'a constaté
M. Duchartre (3), ce sont uniquement des grains de pollen
qui viennent flotter à la surface du liquide. En 1828, un
observateur italien, Paolo Barbieri (4), a émis une opinion analogue. Il a rompu le pédicule des fleurs mâles,
qui, ainsi détachées, ne sont pas venues, assure-t-il,
flotter à la surface du liquide. Meyen a observé la Vallisnérie cultivée en serre. « Quoique cette plante, dit-il dans
sa Physiologie (5), fleurisse presque chaque année dans
nos serres, on n'a jamais pu voir ses fleurs mâles se détacher, mais j'ai vu moi-même maintes fois que des masses
plus ou moins volumineuses de son pollen s'élèvent vers
la surface de l'eau, et que là, venant naturellement ou
artificiellement en contact avec les fleurs femelles, elles en
opèrent la fécondation. » M. Chatin a observé le *Vallisneria* dans les bassins de l'École de pharmacie, et a vu
que ce sont bien les fleurs mâles, et non point le pollen,
qui se détachent pour venir flotter à la surface de l'eau ; il
a remarqué que ces fleurs sont assez petites pour que les

(1) *Chapman's Philadelphia journal*, 1822.
(2) P. 230.
(3) *Bull. Soc. bot. Fr.*, II, 290.
(4) *Osserazioni microscopiche, memoria physiologico-botanica*. Mantova, 1828.
(5) *Neues System des Pflanzenphysiologie*, III, 1839.
p. 287.

botanistes qui les ont vues flotter à la surface de l'eau aient pu les prendre pour des grains polliniques. Dans l'état actuel de la science, l'opinion de Meyen ne saurait être acceptée ; un grand nombre de botanistes ont été à même d'observer à Toulouse, où la Vallisnérie croît spontanément, la réalité des faits exprimés par Linné, Jussieu et L.-C. Richard ; M. Moquin-Tandon ne manquait pas de les décrire dans ses cours. Toutefois le savant professeur dont la perte récente est si vivement déplorée à la Faculté, ajoutait qu'il avait quelquefois vu, dans le canal du Languedoc et dans les bassins du Jardin botanique de Toulouse, flotter à la surface de l'eau, non-seulement des fleurs mâles entières de *Vallisneria,* mais aussi des étamines détachées, ce qui concilierait les deux opinions opposées que je viens de rapporter.

Il faut mentionner ici spécialement la structure des organes mâles de cette curieuse plante. Les anthères, qui sont à deux loges, se partagent en quatre valves qui se renversent sur le filet, et le pollen forme alors au sommet de l'étamine, où les gros grains restent agglomérés par une matière visqueuse, comme une petite grappe blanche en forme de mûre. Le pollen [Chatin (1), Parlatore (2)], que protége la matière épanchée à sa surface, peut rester quelque temps dans l'eau avant que l'exhyménine se déchire pour livrer passage aux boyaux polliniques, ce qui est évidemment très-favorable à la fécondation.

On s'est occupé de savoir par quel mécanisme pouvaient

(1) Chatin, *sur les fleurs mâles du* Vallisneria spiralis L. in *Bull. Soc. bot. Fr.*, II, 293.

(2) Parlatore, *Note sur le* Vallisneria spiralis, *id.*, II, 299.

avoir lieu , dans cette curieuse plante , la rupture des pé-
dicules des fleurs mâles et les mouvements du pédoncule
de la fleur femelle. La rupture des premiers est évidemment facilitée par l'absence d'éléments fibro-vasculaires
dans leur tissu, constatée par M. Chatin ; ils ne présentent
pas d'articulation distincte , mais les cellules de la base
de chaque pédicelle , qui sont plus allongées à la base de
la fleur, se rétractent, et le décollement a lieu. Il commence par les utricules de la périphérie et finit par
celles plus allongées de la partie axile qui forment comme
un moignon saillant au sommet du pédicelle privé de sa
fleur. Ce sont les fleurs supérieures qui se séparent les premières ; ce sont d'ailleurs les premières nées, car leur apparition a lieu, d'une manière générale, dans l'ordre cen-
trifuge. Quant aux pédoncules de la fleur femelle, la
plupart des auteurs disent qu'ils ont la forme d'un tire-
bouchon, et qu'ils se déroulent avant la floraison pour
s'enrouler de nouveau après. M. Chatin , ayant observé
facilement des individus cultivés dans de grands vases de
verre , a vu que les pédicelles ne s'enroulent pas d'abord
pour se dérouler ensuite et s'enrouler de nouveau plus
tard ; ils sont d'abord parfaitement droits , ou seulement
sinueux , comme M. Chatin les a représentés dans son
Mémoire sur le Vallisneria , et leur enroulement une fois
commencé ne cesse jamais (2). M. Chatin a confirmé cette
observation par l'examen du *Vallisneria* spontané du midi
de la France (*Mémoire sur le Vallisneria,* p. 9). D'ailleurs
le retrait de la fleur ne dépend pas de la fécondation, et
a lieu pour ainsi dire fatalement après l'époque fixée pour

(2) *Bull. Soc. bot. Fr.*, II, 380.

la floraison; il n'est pas non plus nécessaire à la maturation des graines, et n'a pas lieu dans tous les cas observés.
Les hampes femelles présentent, dans leur constitution
anatomique, un faisceau fibreux central, qui existe seul à
sa base et à son sommet; plus, un petit faisceau latéral ou
symétrique que M. Chatin regarde comme jouant un rôle
actif dans l'enroulement de cette hampe.

Il existe encore des plantes submergées dioïques, chez
lesquelles on a vu les fleurs mâles se détacher par la rupture de leur pédoncule, et arriver ainsi en contact avec
les fleurs femelles à la surface de l'eau. Les choses se passent ainsi, d'après M. Robert Wight (1), chez le *Vallisneria alternifolia* Roxb., et, d'après Roxburgh, chez
l'*Hydrilla ovalifolia* L.-C. Rich. Elles ont encore lieu
d'une manière analogue, quoique avec une particularité
nouvelle, chez l'*Udora canadensis* Nutt. (*Elodea canadensis* Michx.). Dans cette dernière plante, d'après Nuttall,
les fleurs mâles se détachent par la rupture de leur pédoncule; mais, dès qu'elles arrivent à la surface de l'eau,
leurs anthères s'ouvrent avec élasticité, et répandent leur
pollen qui flotte sur le liquide.

Il n'est pas hors de propos de rappeler ici les faits ana-
tomiques qui résultent des recherches de MM. Chatin et Caspary sur l'*Aldrovanda* et sur les Hydrillées:
c'est que dans toutes les plantes où l'on observe à certaines époques la rupture de l'appareil axile, la structure
de la tige offre sur tous les points essentiels une simili-
tude remarquable. L'épiderme y manque, l'écorce est
composée d'un parenchyme allongé traversé par des la-

(2) *Hooker's Miscellany*, II, 344.

cunes nombreuses, et le centre est occupé par un seul
faisceau de cellules allongées, au milieu ou autour duquel
se trouvent des vaisseaux annulaires qui plus tard se détruisent aussi en s'allongeant et sont remplacés par des
lacunes.

Cette longue histoire de la fécondation des végétaux
aquatiques ne serait pas complète si nous ne rappelions les
desiderata de la science à cet égard. On conçoit bien
encore que la fécondation puisse avoir lieu chez le *Posi-
donia*, s'il est vrai, comme l'a dit Cosentino, que chaque
groupe d'organes reproducteurs de cette plante soit recou-
vert d'une sorte de voûte mucilagineuse. Mais ce problème
devient plus compliqué pour les genres dioïques de la famille des Zostéracées, tels que les *Thalassia* et les *Cymo-
docea* qui vivent fixés au fond des mers, et nous devons
avouer qu'il nous paraît insoluble dans l'état actuel de la
science.

Aux causes qui entravent la fécondation nous devons
ajouter les déformations pathologiques des organes sexuels
et notamment celles que causent certains parasites (*Ustilago
antherarum, Ustilago Maydis, Claviceps purpurea*, etc.).
Dans d'autres cas tératologiques, lorsque les étamines ou
carpelles deviennent virescents, il est bien évident que la
reproduction est impossible. Dans les Bruyères, souvent la
corolle s'allonge, par effet de balancement organique, en
même temps que l'androcée tend à disparaître ou même
disparaît complétement comme dans l'*Erica tetralix*
L. var. *anandra*, observé depuis longtemps par A. Richard
dans la forêt de Montmorency. Nous renvoyons d'ail-

leurs à ce sujet aux éléments de tératologie végétale de
M. Moquin-Tandon.

Ce long exposé termine l'étude des phénomènes que la
plupart des botanistes appellent les phénomènes précur-
seurs de la fécondation. Je voudrais avant de le terminer
y rattacher quelques considérations sur le moment auquel
se fait la fécondation dans la vie de la fleur. M. Fermond
a étudié ce sujet avec soin. La fécondation a lieu soit dans
le bouton, comme dans beaucoup de Légumineuses; soit au
moment où la fleur s'ouvre, ou pendant l'anthèse; soit pendant qu'elle est épanouie, ou après l'anthèse; soit enfin
après la floraison, au moment où le périanthe se fane
(*Hemerocallis*).

CHAPITRE IV.

Des phénomènes essentiels de la fécondation.

J'étudierai ici le tube pollinique dans le chemin qu'il parcourt et dans les modifications qu'il offre en pénétrant jusqu'au micropyle de l'ovule, ainsi que dans son contact prolongé avec le sac embryonnaire.

Il est universellement admis aujourd'hui que l'intermédiaire du boyau pollinique est indispensable pour la fécondation. M. J.-D. Hooker a fait quelques expériences desquelles il a tiré une conclusion un peu différente. Il a ouvert des boutons très-jeunes, en retirant les stigmates et les styles, et laissant l'ovaire ouvert, afin que le pollen pût tomber directement sur les ovules. Il n'a réussi que sur le *Meconopsis cambrica*. L'incision faite aux fleurs se referma, si ce n'est à l'ovaire, qui resta ouvert, en vertu, dit l'auteur, du développement inégal de ses faces, et d'une courbure qui fit bâiller l'incision. Il a rencontré seulement 1 ovule développé sur 30, c'est-à-dire pourvu d'un périsperme bien développé et d'un embryon parfait. Ces expériences isolées, et suivies d'un résultat fort médiocre, ne permettent de tirer aucune conclusion motivée contre la nécessité des moyens ordinaires pour la fécondation des végétaux. Quant aux opinions de M. Hartig, nous les avons appréciées plus haut.

Il est intéressant de chercher en combien de temps le

tube pollinique, une fois produit dans le stigmate, pénètre jusqu'à l'ovule. Ce temps varie suivant des limites bien plus étendues qu'on ne le croit généralement. En décrivant la fécondation des Conifères, qui a été l'objet de plusieurs travaux sérieux, et qui nous occupera spécialement à la fin de ce chapitre, nous verrons qu'il s'écoule souvent un an entre l'arrivée du grain du pollen à la partie supérieure du nucelle et son contact avec le sac embryonnaire, soit qu'il reste longtemps inactif, soit qu'il chemine très-lentement à travers le tissu du nucelle (1). Il est des végétaux où le pollen est lancé par les anthères avant que les ovules soient développés. Dans le Noisetier et le Charme, le pollen est déposé en février, et la fécondation proprement dite, ou le contact micropylaire, n'a guère lieu qu'en juin. Dans le *Colchicum autumnale*, le tube pollinique existe à l'automne, et n'opère la fécondation qu'à la fin de l'hiver qui suit (Hofmeister). Dans le *Citrus nobilis*, observé par M. Schacht à Madère, les anthères tombent, et le style se détache de l'ovaire quand les tubes polliniques l'ont traversé, et cependant la fécondation n'a lieu qu'un mois après. Dans les Orchidées, le tube pollinique emploie, au minimum, dix jours pour parvenir du stigmate à l'ovule; dans les Aroïdées (*Arum, Pothos*), environ cinq jours. D'ailleurs, selon M. Hofmeister, auquel nous empruntons la plupart de ces détails, ce temps varie beaucoup selon

(1) Cette lenteur de l'imprégnation après l'arrivée de la substance fécondante dans les organes femelles rappelle, bien que de très-loin, ce qui se passe dans le règne animal chez certains mollusques et insectes, chez lesquels les spermatozoïdes sont laissés en dépôt dans un organe spécial pour en descendre ultérieurement, et féconder les ovules à leur passage dans le canal vaginal.

les circonstances météorologiques ; un air chaud et humide
est le plus favorable à la rapidité de l'imprégnation , qui
varie dans l'*Iris pumila*, certaines espèces de *Lilium*, le
Leucoium vernum, etc., de seize heures jusqu'à sept
jours ; dans le *Crocus vernus*, de vingt-quatre à soixante-
douze heures, tandis que dans les Graminées et Cypéra-
cées, on trouve des boyaux polliniques en contact avec le
micropyle cinq à sept heures après la fécondation.

Le tube pollinique émis dans le tissu conducteur se présente sous forme d'une cavité circonscrite par une membrane à double contour, contenant un liquide ordinairement jaunâtre, d'un jaune-vert dans les Campanules
(Tulasne), réfractant fortement la lumière, et contenant
une grande quantité de corpuscules, les uns simplement
huileux, les autres colorables en bleu par la solution
d'iode, les autres formés, selon quelques observateurs, par
des matières azotées. Nous avons rappelé plus haut les observations de Brown et de M. Brongniart sur le mouvement de ces granules. M. Brongniart l'a décrit dans le
Pepo macrocarpus et dans plusieurs Malvacées. Cet éminent observateur dit positivement qu'il les a vus se courber
en arc ou en S, comme des vibrions. Il en est généralement
ainsi quand on les observe après avoir fait germer le grain
pollinique dans l'eau, tandis que, examinés au microscope
dans une coupe du tissu conducteur, leurs mouvements
sont moins accusés. Il paraît même qu'ils les perdent complétement en approchant de l'ovule.

Les micrographes les plus accrédités soutiennent l'immobilité de ces granules d'après leurs observations sur la
fécondation. M. Schacht insiste particulièrement sur ce
point à propos de ses observations sur les *Citrus*, où ces

granules sont d'une longueur remarquable, et rappellent assez bien, par leur forme, les corps observés dans le latex des Euphorbes.

Le diamètre des tubes polliniques est très-variable. C'est M. Tulasne qui, parmi les observateurs récents, a fourni les documents les plus intéressants à cet égard. Ceux des *Veronica* sont remarquables par leur ténacité et leur grosseur, qui varie à peu près entre les mêmes limites que celles du fil produit par le ver à soie, et offrent de $0^{mm},008$ à $0^{mm},012$; ils ont à peine $0^{mm},004$ dans l'*Isatis tinctoria;* leur diamètre est généralement circonscrit entre ces limites dans la plupart des plantes qui ont été étudiées à ce point de vue.

Dans son trajet, le boyau pollinique subit des modifications. A mesure qu'il descend, la matière qu'il contient se rassemble à sa partie inférieure, tandis que sa partie supérieure se vide et quelquefois même se désorganise assez rapidement, ou tombe avec le style dans lequel elle était renfermée. En se rassemblant ainsi dans le cul-de-sac inférieur du tube, les granules donnent parfois naissance à des corps allongés fusiformes, que M. Hofmeister compare aux cellules allongées des proembryons de Mousses (*Pothos, Merendera,* etc.). Il n'a pas observé de mouvements dans ces corps, où ils auraient été si appréciables. Il est possible aussi que le contenu du tube subisse pendant cette migration des changements chimiques. C'est ce qui a paru à M. Gasparrini, dans ses *Ricerche sulla embriogenia delle Canape.* Pendant que le boyau descend le long du style, sa substance, dit-il, devient d'un jaune orangé, et acquiert un peu plus de densité. Quelques observateurs ont

cru observer une sorte de circulation dans le boyau pollinique.

Lorsque le style est long, les boyaux polliniques subissent, pour arriver jusqu'aux ovules, une élongation vraiment extraordinaire. Dans le *Digitalis purpurea*, cette
élongation, à son maximum, est environ de 33 millimè-
tres, et plusieurs des boyaux doivent, d'après le calcul de
M. Tulasne, acquérir en longueur plus de onze cents fois
le diamètre du grain de pollen d'où ils sont sortis. D'après
M. Hartig, le développement du filament pollinique serait
dû à la matière fécondatrice (*Befruchtungsstoff*) issue des
grains de pollen qui se sont vidés sur le stigmate sans
émettre de boyau, et que le tissu conducteur a absorbée (1).
Il est plus rationnel de penser que le tube s'alimente des
sucs ordinaires dont le tissu cellulaire qu'il traverse est
imbibé, ainsi que l'ont pensé Amici, Brown, Meyen et
d'autres physiologistes. On a observé plusieurs fois des ramifications dans le tube pollinique. Elles sont rares dans le
tissu conducteur, mais assez fréquentes dans le canal micropylaire. Meyen avait déjà vu ces ramifications il y a
longtemps ; Gelesnow les a observées sur plusieurs Crucifères ; M. Schacht, sur le *Viola tricolor, l'OEnothera muricata*, le *Crocus vernus*, les *Thuya* et les *Araucaria*;
M. Hofmeister, sur le *Leucoium vernum* et le *Crinum capense*. Dans le *Crocus*, c'est presque la règle de voir le
boyau développer, dans le canal micropylaire, une rami-
fication latérale, qui parfois atteint un développement considérable ; quelquefois elle forme une véritable bifurcation.
Dans l'*Hippeastrum aulicum*, les ramifications sont de

(1) *Neue Theorie der Befrucht. der Pfl.* p. 14, 20. Braunschweig,
1842.

forme et de longueur très-variées, se rencontrent parfois et s'anastomosent. Celles du *Pothos longifolia* sont encore plus bizarres, et ressemblent à des filaments de mycélium.

Nous n'avons guère à revenir sur le trajet que suivent les boyaux polliniques pour passer du stigmate au micropyle, car nous l'avons par le fait indiqué en décrivant le tissu conducteur. Dans plusieurs familles, les tubes pénètrent simplement dans le canal stylaire, et de là descendent vers les ovules, soit librement à travers la cavité de l'ovaire (Cistinées), soit en rampant à la surface des placentas (Violariées, Liliacées, Orchidées). Ils rampent aussi sur les placentas après avoir traversé le tissu conducteur du style dans la plupart des Scrofulariées, dans les Crucifères et beaucoup d'autres familles. D'autres fois, mais dans des cas plus rares aujourd'hui, ils suivent le placenta et s'avancent vers le micropyle par l'intermédiaire du funicule (Labiées, Borraginées). Quant aux familles à placenta central et au double point d'attache dont la fréquence a été exagéré par A. de Saint-Hilaire, nous renvoyons à ce qui a été dit plus haut, page 32.

En rampant sur les placentas ou même en descendant librement dans la cavité ovarienne, les tubes polliniques sont entrelacés les uns dans les autres, tantôt deux à deux, rarement à plusieurs, comme les fils d'une cordelette, quelquefois même, pendant un court trajet, dirigés à rebours. Dans les Orchidées et les Liliacées (Hofmeister), ils suivent isolément et régulièrement les cellules superficielles des placentas. Ils rampent ainsi d'autant plus longtemps que leur pénétration dans la cavité micropylaire est plus difficile, comme chez les *Arum,* où les extrémités antérieures des ovules s'étendent vers l'excavation remplie d'air de la cavité ovarienne.

Dans les ovules qui possèdent une caroncule ou un épaississement quelconque des parties qui entourent le micropyle, on voit le boyau écarter lentement le tissu de ces parties pour se frayer un passage jusqu'au nucelle (Euphorbiacées, etc.).

M. Tulasne a observé, dans l'*Ornithogalum nutans,* la pénétration de plus d'un boyau pollinique dans le micropyle d'un même ovule.

Enfin le boyau arrive en contact avec le sac embryonnaire.

Dans certaines plantes, ce contact est facilité par des circonstances particulières. En même temps que le tube pollinique descend vers le micropyle, on voit soit le nucelle, soit le sac embryonnaire, soit les vésicules embryonnaires elles-mêmes, faire issue hors de l'ovule et aller à la rencontre du boyau.

C'est le nucelle lui-même qui fait ainsi hernie dans beaucoup d'Euphorbiacées. Dans un jeune ovule de *Phyllanthus*, au moment où le *chapeau* recouvre le micropyle, le nucelle, obtus jusque-là, s'allonge et s'effile ; son sommet sort de l'exostome, le dépasse, et va se mettre en contact avec le chapeau. L'ovule des *Jatropha*, des *Croton*, offre le même développement, mais poussé plus loin. Dans le *Codiœum pictum*, ce prolongement nucellaire atteint la longueur de l'ovule lui-même, sinon davantage, et forme une longue colonne qui va s'insinuer entre les deux lobes du chapeau. Dans le *Crozophora tinctoria*, à mesure que le nucelle se prolonge en dehors du micropyle, son sommet s'évase, se dilate ; bientôt il a pris la forme d'une petite raquette, ou, si l'on veut, d'un battoir ; d'après M. Baillon (1), il est positif qu'alors ce battoir se courbe sur son manche, et, se rabattant en dedans sur les deux lobes du chapeau, les applique contre l'exostome.

D'autres fois c'est le sac embryonnaire lui-même qui fait hernie par le micropyle ; c'est ce que l'on voit sur des ovules nus, principalement dans les Loranthacées (*Viscum, Loranthus*), les Santalacées (*Santalum, Exocarpos*) et dans l'*Avicennia*. Il y a longtemps que ces phénomènes ont été indiqués par Griffith (2). Les cellules de la surface de l'ovule du *Santalum* deviennent saillantes, de manière à lui donner l'aspect mamelonné d'une framboise. Une des cellules de l'intérieur, le sac embryonnaire, prend un énorme développement, et, écartant les cellules du sommet de l'ovule, sort sous forme d'un long boyau conique qui se recourbe sur lui-même, et s'infléchit au sortir du nucelle. M. Baillon (3) l'a vu alors s'appuyer contre la surface convexe du cône placentaire, au dedans de l'ovule, et monter à mesure qu'il s'allonge le long de ce placenta, sur lequel il s'applique si exactement qu'il se creuse dans son tissu un sillon superficiel où il demeure incomplétement incrusté. Lorsque le sac embryonnaire a acquis huit ou dix fois la longueur même de l'ovule, en se portant de bas en haut à la rencontre des tubes polliniques, ceux-ci, qui marchent en sens contraire, le rejoignent non loin du sommet du placenta.

(1) *De quelques particularités que présentent les organes de la fécondation*, in *Bull. Soc. bot. Fr.*, IV, 19.

(2) *Sur le développement des ovules du* Santalum, *du* Loranthus *et du* Viscum, in *Transact. of the Linn. Soc.; et Ann. sc. nat.*, 2e série, t. XI, p. 99, pl. 3.

(3) *Mémoire sur les Loranthacées*, p. 16.

Là un ou deux tubes s'appliquent par leur extrémité sur le sommet de ce sac, et paraissent lui adhérer en ce point. Dans les *Exocarpos,* on voit plusieurs cellules, qu'Endlicher a considérées comme des ovules, s'élever du fond de la loge ovarienne, et s'allonger par leur partie supérieure. Chaque cellule ainsi étirée constitue un grand poil creux qui s'insinue de bas en haut dans l'orifice supérieur de l'ovaire ; c'est dans l'extrémité supérieure de ce long sac, c'est-à-dire en haut du canal stylaire, que l'embryon se forme. Dans les *Thesium,* d'après M. Hofmeister, qui a fait aussi une fort belle étude de ces phénomènes chez les Loranthacées (1), c'est seulement après le contact fécondateur que la membrane du sac embryonnaire se voûte vers l'extérieur et ressort en dehors du nucelle, ainsi que cela a été décrit depuis longtemps par différents observateurs.

Nous avons déjà fait remarquer, et nous rappellerons encore combien il est intéressant que l'opinion émise par M. Decaisne, il y a déjà plusieurs années, sur les affinités des Loranthacées et des Santalacées, soit confirmée par l'étude microscopique des phénomènes de la fécondation dans ces deux familles.

Ce ne sont pas seulement les sacs embryonnaires qui font saillie en dehors du micropyle pour se présenter au contact fécondateur. Les vésicules embryonnaires aussi sortent par un col allongé, au sommet duquel se remarque l'appareil filamenteux, refoulant devant lui le sac embryonnaire, dans plusieurs Monocotylédones, et notamment dans le *Watsonia rosea.* Nous avons figuré ce fait

(1) *Neue Beitr.,* etc., I, *Dik.; Ann. sc. nat.,* 4⁵ série, t. XII, p. 1-32.

d'après une planche de M. Schacht (pl. ii, fig. 3). Ici le tube pollinique descend pareillement par le micropyle, et le contact a lieu latéralement entre lui et la protubérance allongée, formée par le sac et les vésicules, ce qui est un phénomène très-exceptionnel.

Les Colchicacées présentent aussi des phénomènes très-curieux. Ici le tube pollinique, en s'accroissant, après avoir traversé les tuniques épaisses de l'ovule, se place dans une cavité singulièrement formée, entre le sac embryonnaire et les tuniques extérieures, par une dilatation de celles-ci. Il en résulte une excavation assez vaste, dans laquelle le tube pollinique descend, remonte et s'infléchit de diverses manières avant de se mettre en contact avec le sac embryonnaire. Un phénomène analogue a été observé dans le *Pothos longifolia.* (Voy. Hofm., *Neue Beitr., II, Monok.,* pl. xvi, fig. 1 et 1ᵇ.)

Nous avons hâte de rentrer dans l'étude de faits moins anomaux que ceux-là. Dans la très-grande majorité des cas, il se produit, au moment de la fécondation, un simple contact entre le cul-de-sac pollinique et la voûte formée par la paroi externe du sac. Ce contact est parfois favorisé par l'action du micropyle qui, d'après M. Tulasne, se contracte sur le tube dans les Véroniques. Souvent le tube s'épâte à son extrémité, comme pour mieux assurer le contact; dans les *Dianthus* (Tulasne), le tube se moule sur le sac; on le voit se couder, prendre la forme d'un pied humain, ou se bifurquer et se placer comme à cheval sur lui.

A ce moment, la membrane qui forme l'extrémité inférieure du boyau se présente souvent épaissie; cet épaississement diminue de bas en haut sur les parties latérales du boyau. Il s'observe nettement dans les grandes Liliacées, dans le *Crinum capense*, l'*Hippeastrum aulicum*, le *Crocus vernus*. Dans cette dernière espèce, on distingue des couches différentes dans cet épaississement de la paroi ; mais, à l'extrémité tout à fait inférieure du cul-de-sac, il existe, au centre même de cet épaississement, un point où la paroi est beaucoup plus mince (Hofmeister), comme si cela devait faciliter les phénomènes essentiels de la fécondation. Quelques auteurs ont prétendu observer la perforation de cette extrémité du boyau ; M. Hofmeister ne l'a jamais vue, M. Tulasne non plus ; ce qui a été interprété ainsi n'est évidemment qu'un état avancé du cul-de-sac pollinique, qu'on avait rompu en le détachant artificiellement du sac embryonnaire. L'épaississement du cul-de-sac est d'ailleurs un phénomène ultime parmi ceux qui nous occupent ; il n'apparaît qu'après la rencontre du boyau avec le sac embryonnaire. En effet, l'adhérence du boyau avec le sac, d'abord faible, devient bientôt extrêmement intense, et l'on déchire plutôt le sac ou le boyau que de les séparer. Il y a des exceptions à cette règle, par exemple dans le *Puschkinia scilloides*, le *Veltheimia viridiflora*, l'*Hyacinthus orientalis*. Dans le *Phormium tenax*, on peut aussi retirer le tube après la fécondation, mais en employant une certaine force de traction.

On a observé aussi l'épaississement de la partie supérieure du sac embryonnaire vers son point de contact avec le boyau.

Nous arrivons à l'étude des relations du boyau pollinique avec les vésicules embryonnaires, relations qui sont, à proprement parler, le point essentiel de la fécondation des Phanérogames. Comme on devait s'y attendre, les observateurs ont été fort divisés sur ce point, et nous avons déjà rappelé plus haut cette discussion (voy. p. 40). M. Tulasne e t aujourd'hui à peu près seul à soutenir que la vésicule embryonnaire ne préexiste pas à la fécondation, et qu'elle en est, au contraire, le premier résultat. S'il en était ainsi, il serait inutile de s'occuper de ses rapports avec le tube pollinique. Mais la majorité des observateurs, M. Hofmeister, M. Schacht, M. Radlkofer, M. Henfrey, sont en désaccord avec M. Tulasne, et affirment l'existence de la vésicule ou plutôt des vésicules embryonnaires avant le contact fécondateur. Elles sont très-positivement figurées ainsi, en un très-grand nombre de cas, par tous ces observateurs. Ce qui explique la divergence des auteurs à ce sujet, c'est que, de l'aveu de ceux qui disent les avoir formellement reconnues, elles sont, au moment de la fécondation, presque diffluentes ; ce n'est, en général, qu'après le contact qu'elles se revêtent d'une membrane solide, et deviennent réellement vésicules ; ce n'étaient auparavant presque que des nucléus. D'ailleurs, à un point de vue général, il eût été difficile d'admettre que l'élément du germe ne préexistât pas à la fécondation, car cela eût été la preuve d'une différence fondamentale entre la reproduction des végétaux et celle des animaux, et la nature en général ne marque pas dans ses actes de différences aussi tranchées. Nous savons bien que l'on n'aurait pu asseoir une théorie sur ce raisonnement ; mais heureusement l'observation a prononcé, et la science possède aujourd'hui des faits nombreux pour établir que la vésicule embryonnaire préexiste à l'acte fécondateur.

(1) *On the development of the ovule of* Santalum album, *with some remarks on the phœnomena of impregnation in plants generally*, in *Trans. of the Linn. Soc.*, vol. XXII, p. 69-79.

Nous avons indiqué en détail le nombre des vésicules ; nous devons ajouter ici que parfois elles ne se conservent pas toujours toutes jusqu'à la fécondation. Dans ce cas, c'est ordinairement l'inférieure qui persiste, et l'on voit à côté d'elle, sous forme de masses granuleuses , les restes de celles qui ont péri (*Zostera, Ruppia, Arum, Calla, Hordeum, Sorghum*). D'autres fois, elles se conservent jusqu'à la fécondation, et alors elles sont, en général, placées à peu près sur le même plan (*Pedicularis, Crocus, Leucoium, Merendera, Bulbocodium, Veltheimia, Puschkinia*).

Dans un grand nombre de cas, tandis que le tube pollinique vient se mettre en rapport intime avec la paroi supérieure de la voûte du sac embryonnaire, les vésicules adhèrent, de leur côté, à la paroi inférieure de cette voûte. Ce fait est extrêmement important à prendre en considération dans l'étude de la fécondation ; mais il ne faudrait pas le généraliser trop prématurément, ni croire qu'il s'établit constamment, par ce moyen, un passage endosmotique entre le cul-de-sac et la vésicule. D'après M. Radlkofer (1), la distance qui sépare ordinairement le bout du tube pollinique de la vésicule fécondée ne permet pas d'admettre un passage direct de la substance fécondante du premier à la matière qui doit subir l'influence de celle-là. D'après M. Hofmeister, *il n'est pas nécessaire que l'utricule pollinique fécondant se mette en contact avec les surfaces d'adhésion des vésicules embryonnaires, pour que le développement de l'embryon ait lieu ; l'endroit de contact de l'utricule ne coïncide même pas avec la surface d'adhérence*

(1) *Der Befruchtungsprocess im Pflanzenreich und seine Verhœltniss zu dem im Thierreiche.* Leipzig, 1857.

de la vésicule. Nous citerons ici le texte, à cause de son importance :

« Der befruchtende Pollenschlauch braucht nicht mit
« den Ansatzflæchen der Keimblæschen in Beruehrung zu
« Kommen, um die Entwickelung des Embryo anzuregen.
« Die Beruehrungsstelle des Pollenschlauchendes fællt sogar
« in der Regel nicht mit der Anzatflæche eines der Keim-
« blæschen zusammen (1). » Même dans les figures de M. Tulasne, qui n'admet le développement de la vésicule que
postérieurement à l'imprégnation , il est facile de voir que
la surface par laquelle cette vésicule s'applique à la paroi
interne du sac est loin de correspondre toujours à la surface d'adhérence du boyau (Véroniques, *Cheiranthus,
Matthiola, Isatis tinctoria*). Ces deux parties se correspondent mieux dans les figures que le même observateur a
données de l'embryogénie des Labiées ; mais les faits né-
gatifs nous autorisent à poser comme conclusion de cette
discussion, dont nous ne pouvons citer ici tous les éléments,
que, d'après les faits connus aujourd'hui, le contact du
tube pollinique et de la vésicule à travers la mince paroi
du sac embryonnaire n'est pas nécessaire pour que la fécondation ait lieu.

Cette conclusion , nous le savons, est en contradiction
avec la manière de voir de M. le professeur Schacht. Nous
avons longuement décrit , d'après lui , l'appareil filamenteux des vésicules embryonnaires , en lui accordant même
plus que M. Hofmeister ne lui accorde. Ce dernier, en
effet , regarde le *Fadenapparat* comme faisant partie de
la paroi du sac embryonnaire. D'ailleurs, ce qui concerne

(1) Hofm., *Neue Beitr.*, II, p. 681.

cet appareil est encore un peu obscur, de même que le rôle qu'on a voulu lui assigner pendant la fécondation ; et , comme nous nous sommes fait une loi de n'admettre dans cette thèse que des faits suffisamment démontrés, nous ne nous étendrons pas sur un sujet dont l'étude est encore aussi peu avancée. D'ailleurs encore le Fadenapparat est loin d'exister chez tous les végétaux : on ne l'a guère rencontré jusqu'ici que dans des Liliacées, des Iridées et des Amaryllidées. Ce qui peut faire penser qu'il joue un rôle dans la fécondation , c'est qu'il disparaît immédiatement après. Nous avons figuré (pl. II, fig. 4) les vésicules du *Gladiolus Segetum* après la fécondation, d'après M. Schacht. Les vésicules se séparent alors des rayons, en redescendant un peu dans le sac embryonnaire. Les rayons se dissocient, les granules qui entraient dans leur composition se désagrégent, et bientôt il ne reste plus de trace de l'appareil.

Dans quelques plantes le boyau pollinique, après s'être trouvé en contact avec la paroi du sac, là pousse devant lui et s'en coiffe comme d'un capuchon. C'est ce que M. Tulasne a parfaitement figuré dans la Digitale pourprée et le *Campanula Medium* (*Ann. sc. nat.*, 3ᵉ série, t. XII, pl. III, fig. 3 ; et pl. v, fig. 2 et 3). Il en est de même dans le Gui, d'après M. Radlkofer, dans le *Naias*, les Passiflores et quelques Géraniacées, d'après M. Hofmeister.

Selon les observateurs allemands auxquels nous avons tant emprunté pour la rédaction de cette thèse, et qui sont d'accord sur ce point, le développement va plus loin dans le genre *Canna*, et le capuchon du sac, perforé à son sommet , laisse pénétrer l'extrémité du boyau dans la partie supérieure du sac. M. Hofmeister a vu dans le *Tillandsia usneoides* le même fait qu'il qualifie d'ailleurs d'anormal.

Le plus ordinairement une seule des vésicules embryonnaires est fécondée. Dans les *Gladiolus* (pl. ii, fig. 4),
Watsonia, Crocus, Phormium, les deux vésicules, qui sont
presque de niveau dans l'extrémité supérieure, prolongée
ou non, du sac embryonnaire, sont fécondées également
suivant M. Schacht, qui s'appuie sur la bifurcation, parfois
observée dans ces plantes, de l'extrémité inférieure du
boyau pollinique. Nous craignons que le savant auteur
allemand ne se soit laissé entraîner ici dans l'hypothèse.
En effet, on n'a pas signalé de pluralité d'embryons dans
les Liliacées et les familles voisines, et lui-même reconnaît
que l'*une des deux* vésicules de ces plantes descend dans
le sac après la fécondation, pour se convertir en embryon.
D'ailleurs, nous avons déjà cité des exemples où plusieurs
vésicules sont fécondées dans le même sac; elles le sont
quelquefois à des époques différentes, et l'on trouve dans
le même sac des embryons à différents degrés de développement, dont les plus avancés seulement germeront, les
autres étant gênés par la croissance plus hâtive de leurs
aînés.

Dans le genre *Citrus,* où se trouve un très-grand nombre
de vésicules embryonnaires dont plusieurs se développent
en embryons, il existe des phénomènes très-particuliers
d'après M. Schacht qui les a étudiés pendant son séjour à
Madère. Les vésicules sont ici attachées non pas seulement
à la partie supérieure du sac, mais aussi à ses parties latérales. Comme le tube pollinique ne touche que la partie
supérieure du sac, il est à penser qu'il ne pourrait pas féconder ces dernières, dont plusieurs cependant se développent en embryons. Or on trouve, dans le tube pollinique
des *Citrus,* des corps allongés, arrondis, ayant une forme

particulière et facilement reconnaissables. Le sac est entouré d'une couche mucilagineuse. Dans certaines coupes M. Schacht a observé des vésicules latérales faisant saillie dans la couche mucilagineuse et un ou plusieurs granules ou corpuscules fécondateurs (*Befruchtungshœrper*) étaient attachés au sommet de cette saillie. Il pense qu'ils étaient sortis du tube pour aller féconder les vésicules latérales (4). Cette observation est extrêmement intéressante ; mais encore isolée, elle demande à être vérifiée, car elle est de nature à jeter un jour particulier sur les phénomènes de la fécondation, surtout sur le rôle que jouent dans cet acte les granules polliniques.

La cellule, une fois fécondée, est bientôt, comme nous l'avons dit, entourée d'une membrane qui la constitue définitivement. Cette membrane se sépare nettement du protaplasma granuleux de la vésicule par l'action de l'eau et de différents sels, qui font contracter ce protaplasma. D'abord délicate, cette membrane s'accuse de plus en plus et présente un double contour. Aussitôt la vésicule s'allonge par son extrémité inférieure et se cloisonne par formation de diaphragmes horizontaux. Le nombre de ces diaphragmes est variable, même dans des plantes très-voisines. En général c'est le plus inférieur qui se forme le premier ; il en résulte une loge particulière dans laquelle va se développer l'embryon, et qui forme un globule de plus en plus volumineux, *suspendu* pour ainsi dire à la voûte du sac embryonnaire par la partie supérieure, filiforme et cloisonnée de la vésicule, à laquelle

(1) *Lerbr. der Anat. und Phys. der Gew.*, 1859, II, p. 390.

on a donné pour cette raison le nom de suspenseur (1).

C'est dans la forme du suspenseur et dans les rapports qu'il affecte avec l'extrémité inférieure, encore adhérente au sac, du boyau pollinique, qu'il faut chercher l'explication des erreurs qui ont entraîné pendant plusieurs années les partisans de la doctrine Horkélienne, ou, comme on les a appelés, les pollinistes. La vésicule, étant adhérente au sac d'un côté, peut facilement être prise pour la continuation du boyau qui adhère de l'autre. Cela est surtout facile dans les plantes où, comme dans les Labiées, les points d'adhérence du boyau et de la vésicule se correspondent en général assez bien, et surtout dans celles où, comme dans la Digitale et les Campanules, le boyau refoule devant lui la partie supérieure du sac embryonnaire. La question est aujourd'hui jugée par l'accord unanime des observateurs, même de plusieurs d'entre eux qui avaient soutenu jadis la doctrine de Schleiden ; mais cette doctrine, qui était il y a bien peu d'années l'expression de l'opinion scientifique en Allemagne, a une telle importance, ne fût-ce que dans l'histoire de la question, et tient une telle place dans tous les travaux qui ont été faits sur ce sujet depuis vingt ans, que je crois devoir, dans cette thèse, énumérer les principales raisons et les faits d'observation qui militent contre elle, et qui l'ont fait définitivement rejeter. J'emprunterai cette énumération à l'un des anciens adeptes de la théorie, à M. Tulasne. D'après lui (2) on peut résumer ces motifs dans les termes suivants ; ce sont :

(1) Le suspenseur n'existe pas toujours. Dans ce cas l'embryon est dit sessile. M. Tulasne a observé ce fait dans deux Légumineuses, le *Sutherlandia frutescens* et l'*Onobrychis sativa*, et dans l'Amandier.

(2) *Ann. de nat.*, 4ᵉ série, t. IV, p. 109.

1° L'épaississement notable et presque constant du sac embryonnaire à son sommet, ce qui, semble-t-il, serait un obstacle mis à sa rupture ou à sa perforation par le fil pollinique.

2° Le sort que l'extrémité de ce dernier éprouve à la surface du sac; elle s'y écrase, et s'applique ou se moule sur ses saillies terminales; elle est très-obtuse, impropre à percer, et si elle cause une dépression plus ou moins profonde où elle se loge, la cavité ainsi formée restera toujours close du côté de la chambre embryofère.

3° La vésicule embryonnaire est fréquemment attachée au sac assez loin du point touché extérieurement par le fil fécondateur, et conséquemment ne saurait être prise pour l'extrémité interne de celui-ci. Quand il y a opposition directe entre ces deux organes, la membrane du sac les sépare; le disque d'implantation de la vésicule est un diaphragme qui ne se détruit point, bien que le tube pollinique vienne se reposer sur lui.

4° La base de la vésicule est presque toujours d'un beaucoup plus grand diamètre que le fil pollinique, et elle adhère extrémement à la membrane du sac embryonnaire, double circonstance dont l'introduction du fil pollinique ne rendrait pas heureusement compte.

5° Enfin, ce fil est souvent limité et ordinairement presque solide, tant sa membrane constitutive est épaissie, au lieu que la vésicule embryonnaire et le suspenseur qui en naît sont d'une transparence parfaite, d'abord presque vides de toute matière solide, et faits d'une membrane tellement mince, qu'elle échappe souvent à la vue la plus exercée; ces dissemblances frappantes rendent tout à fait improbable que le suspenseur continue le fil pollinique, et qu'ils soient ensemble un seul et même organe.

Avant de résumer la manière dont s'accomplit la fécondation chez les phanérogames, nous devons traiter spécialement de ce qui se passe chez les Conifères, où les faits sont particuliers.

Nous avons décrit plus haut (p. 28 et 43) la constitution particulière des organes sexuels de ces arbres. Le pollen est porté sur la partie supérieure du nucelle par différents moyens, les insectes, le vent, etc.; nous avons rapporté plus haut l'observation de D. Don (p. 64) et celle de M. Schacht (p. 44). Dans les Cycadées, les écailles du spadice femelle, très-serrées dans l'origine, quand elles commencent à être écartées par le fait du développement des ovules, permettent l'accès jusqu'au micropyle proéminent d'une espèce de Coléoptère, qui est aussi dans l'habitude d'aller sur les spadices mâles; cet écartement rend facile la pénétration du pollen (1). Une fois les grains arrivés à la surface du nucelle, ils se glissent lentement entre les cellules pour pénétrer dans son intérieur. Ils emploient une année à cela, dans les *Pinus* et *Juniperus*. En même temps, d'après M. Schacht, leurs ramifications s'étendent de bas en haut, à travers le micropyle, notamment dans l'*Araucaria brasiliensis* (pl. II, fig. 1). Ce fait nous paraît bien surprenant, et nous craignons que l'habile micrographe n'ait été induit en erreur par le développement de quelques utricules polliniques qui auraient germé sur l'écaille, au-

---

(1) Karsten, *Organographische Betrachtung der* Zamia muricata Willd., *ein Beitrag zur Kenntniss der Organisations-Verhæltniss der Cycadeen und deren Stellung im natürlichen Systeme*, in *Abhandl. d. Kœnigl. Pr. Akad. der Wissensch. zu Berlin*, 1856.

dessus du micropyle, et qui se seraient rompus pendant la préparation.

Quand les tubes sont arrivés au sac embryonnaire, ils en traversent la paroi, en rampant entre les cellules qui la constituent, et arrivent à la partie supérieure des *corpuscules* que, d'après des raisons données plus haut, nous avons regardés comme les vésicules embryonnaires de ces plantes. A la partie supérieure de ces organes existe une rosette de quatre cellules, entre lesquelles se glisse encore le boyau pollinique; M. Hofmeister et M. Schacht sont d'accord à cet égard. Aussitôt après, on remarque un amas protoplasmatique à la partie supérieure de la vésicule, autour de la partie qui termine le boyau pollinique; bientôt cet amas granuleux se retrouve au bas de la vésicule (pl. ɪ, fig. 3). M. Schacht ne l'a pas vu tomber, mais il l'a vu à des époques différentes en haut et en bas (1); M. Hofmeister ne l'a même pas vu adhérent à la partie supérieure.

Lorsque cet amas de matière granuleuse est tombé au bas de la vésicule embryonnaire, il s'organise et se subdivise en quatre parties (pl. ɪ, fig. 4), dans chacune desquelles s'opère bientôt un travail de segmentation ultérieur. Il en résulte quatre rangées de quatre cellules chaque, qui tendent à s'allonger par la partie inférieure; deux de ces rangées sont représentées dans la figure citée. En s'allon-

(1) M. Schacht a soutenu dans diverses publications des manières de voir un peu différentes sur la fécondation des Conifères. Nous nous sommes arrêté ici à l'interprétation qu'il a donnée après avoir abandonné la théorie de Schleiden, et qu'il a formulée en 1859 dans son *Lerbruch der Anatomie und Physiologie der Gewæchse.* D'ailleurs elle se rapproche beaucoup de celle de M. Hofmeister.

geant ainsi, elles forment le suspenseur et l'embryon : le suspenseur aux dépens de la troisième cellule de chaque rangée, l'embryon aux dépens de la dernière. En s'allongeant, le suspenseur décrit des flexuosités remarquables, qui ont été observées dans les Cycadées comme dans les Conifères, et ont été regardées longtemps comme caractérisant la classe des Gymnospermes.

Arrivé à ce point de notre travail, nous devons résumer en peu de mots les phénomènes essentiels de la fécondation ; ils consistent :

1° Dans l'arrivée du grain pollinique sur le stigmate ;

2° Dans l'émission d'un boyau pollinique qui, par l'intermédiaire du tissu conducteur, et quelquefois en rampant librement dans la cavité de l'ovaire et à la surface des placentas, arrive au micropyle de l'ovule ;

3° Dans le contact et l'adhérence solides qui s'établissent entre le tube, d'une part, et le sac embryonnaire, de l'autre ;

4° Enfin dans le développement d'une vésicule embryonnaire qui s'entoure d'une membrane solide et se transforme en embryon.

On désirera peut-être nous voir pénétrer plus avant dans ce sujet, et l'on nous demandera quelle idée nous nous faisons de l'action du tube pollinique sur la vésicule, et comment nous concevons cette espèce de fécondation à distance que nous avons décrite. Nous répondrons que nous avons seulement exposé les faits, évitant soigneusement de nous livrer à aucune hypothèse hasardeuse que ne justifierait pas l'état actuel de la science et qui serait démentie plus tard. Cependant, si l'on veut savoir notre sentiment sur ce point, nous ajouterons, mais sans tenir beaucoup à cette expression de notre pensée, que les granules polliniques, bien qu'immobiles quand ils sont au contact du sac embryonnaire, nous paraissent devoir être regardés malgré leur immobilité comme analogues dans leur rôle aux corpuscules fécondateurs des Cryptogames et aux spermatozoïdes; on les a vus, dans les *Citrus*, parvenir directement aux vésicules embryonnaires. Dans un grand nombre de cas où l'on observe la fécondation à distance, et non pas par le contact immédiat du boyau et de la vésicule, il nous paraît que toute la substance de la fovilla jouit des propriétés fécondantes, et, en vertu de tout ce qui nous est connu sur l'endosmose, rien n'empêche de croire qu'elle passe au travers de la double paroi du boyau et du sac, ce qui paraît favorisé par l'adhérence intime de ces deux organes et par la présence de ce point plus clair signalé par M. Hofmeister au centre de l'épaississement de la paroi inférieure du boyau. Ainsi l'organe femelle fournit une masse protoplasmatique, la vésicule embryonnaire, et cette masse subit le contact de la substance fécondante à l'état liquide : telle est, en abrégé, l'essence de la fonction que nous venons d'étudier longuement.

Nous nous serions étendu quelque peu sur la comparaison des phénomènes offerts par la fécondation des Phanérogames avec les phénomènes analogues observés chez les Cryptogames, si ceux-ci n'étaient le sujet d'une thèse spéciale qui doit être soutenue dans ce concours même. Il y a certainement une analogie entre la fécondation dans les deux règnes, en ce que des deux côtés il existe une cavité, sac embryonnaire ou archégone, dans laquelle, après le contact de l'agent fécondateur, un globule proto-

plasmatique s'entoure d'une paroi propre et se transforme
en un corps destiné à reproduire le végétal ; mais la différence est en ce point important que généralement la cavité
embryonnaire des Cryptogames est ouverte et admet dans
son intérieur des corpuscules fécondateurs doués de mouvement (anthérozoïdes). Les Conifères et les Cycadées se rapprochent plus des Cryptogames supérieurs que les autres
Phanérogames, à cause des formations multiples qui naissent
dans leur sac embryonnaire, comparable aux cellules-
mères des spores des Rhizocarpées. Quant à l'analogie que
l'on a voulu établir entre le suspenseur (*Vorkeim*) et le
proembryon des Fougères et Équisétacées, elle nous semble un peu forcée, malgré le grand développement que
prend cet organe dans les Conifères et les Cycadées. Cet
organe est, il est vrai, transitoire dans les deux cas, et
précède le développement de l'embryon ; mais il se développe antérieurement à la fécondation, dont il porte les
organes, chez les Fougères et les Équisétacées, et postérieu-
ment à elle dans les Conifères et les Cycadées.

Que si l'on nous demande d'indiquer un rapprochement
entre la fécondation des végétaux et celle des animaux,
nous dirons que la seule partie de l'ovule végétal comparable à l'œuf des animaux est le sac embryonnaire, dans
lequel existe un fluide granuleux au milieu duquel se développe l'embryon. Ce qui distingue essentiellement la fécondation des végétaux de celle des animaux, c'est que chez
les premiers l'ovule est fécondé dans le lieu même où il
est né, et où l'élément fécondateur doit venir le chercher,
sans qu'il en sorte à aucune époque de son développement,
et d'où il est expulsé par la désorganisation même de la
cavité qui le renferme. Quant à l'endosperme, sur lequel

nous reviendrons dans un chapitre ultérieur, qu'il apparaisse temporairement ou qu'il persiste jusqu'à la maturation de la graine, qu'il soit simple comme dans la majorité des cas, ou double comme dans les Nymphéacées et quelques autres familles, il ne peut être comparé qu'à l'albumen de l'œuf, ou même, à un point de vue très-général, aux matériaux que certains animaux rassemblent près de leurs œufs, pour que les jeunes larves y trouvent une nourriture convenable lors de leur premier développement.

Si nous voulions, abordant un ordre d'idées qui appartient à la philosophie naturelle, étudier la relation qui existe entre les éléments mâle et femelle qui agissent l'un sur l'autre dans la génération, nous les verrions procéder tous deux d'une cellule embryonnaire dans laquelle un vitellus s'organise et se transforme en cellules par un développement ultérieur. Dans l'organe mâle, ces cellules deviennent les animalcules mobiles des Algues, les grains de pollen des Phanérogames, les spermatozoïdes des animaux; dans l'ovule femelle, il existe aussi une cellule, c'est la vésicule embryonnaire, qui se segmente intérieurement par un procédé pareil à la segmentation du vitellus, et se transforme enfin en embryon.

CHAPITRE V.

Des phénomènes qui accompagnent la fécondation.

Nous voulons traiter ici du développement de chaleur qui se remarque pendant la floraison d'un grand nombre de végétaux, et qui, comme nous le montrerons, se lie d'une manière intime à la fonction de reproduction.

Lamarck fit le premier connaître, en 1777, mais sans le mesurer, l'excès considérable de température que présente le spadice de l'*Arum maculatum* après l'épanouissement de la spathe. Depuis cette publication, l'attention des observateurs s'est tournée fréquemment vers l'observation des phénomènes analogues, et surtout sur ceux qu'offrent les fleurs de la famille des Aroïdées. Il faut citer à cet égard les travaux d'Hubert (1), Sénebier (2), de Saussure (3), Schultz, Vrolik, de Vriese, Ad. Brongniart (4), Dutrochet (5), Van Beek et Bergsma (6), Otto, Klotzsch, Rob.

(1) *Journal de physique,* 1804, p. 280.
(2) *Rapports de l'air avec les êtres organisés,* 1807, t. III.
(3) *Ann. de chimie et de physique,* 3ᵉ série, t. XXI, p. 279.
(4) *Nouv. Ann. du Muséum d'histoire naturelle,* t. III, p. 145.
(5) *Ann. sc. nat., Bot.,* 2ᵉ série, t. XIII, p. 65.
(6) *Comptes rendus de l'Académie des sciences,* t. VIII, p. 454.

Caspary (1), Arrighi et Tassi (2), et de quelques autres observateurs. Nous rappellerons succinctement les résultats
fournis par leurs observations.

La température des fleurs est soumise à certains pa-
roxysmes remarquables, évidemment en rapport avec la
fécondation. Hubert a constaté à l'île Bourbon que le spadice de l'*Arum cordifolium,* au moment de l'ouverture de la
spathe, acquiert une température supérieure de 25° à celle
du milieu ambiant, et a aussi prouvé que la température des
fleurs mâles fertiles surpasse de 11° celle des fleurs femelles.
D'après les recherches de Dutrochet, on remarque, pendant la floraison de l'*Arum maculatum,* deux accès de
fièvre quotidienne : le premier jour, jour de l'épanouissement de la spathe, l'excès de température a son siége principal dans l'extrémité du spadice terminée en massue, et
constituée par des fleurs mâles avortées ; le deuxième jour,
son siége principal dans les fleurs mâles fertiles. Les fleurs
femelles y participent, et la massue le ressent à peine.
M. Brongniart, en étudiant le *Colocasia odora,* a remarqué
six accès de fièvre paroxystique ; l'excès de température
ne dépassa pas 11°. M. Van Beek et Bergsma ont, à l'aide
d'aiguilles thermo-électriques, confirmé l'exactitude des observations de M. Brongniart ; seulement ils ont vu la température propre du spadice atteindre, dans le *Colocasia odora,*
un maximum de 22°. MM. Otto, Klotzsch et Caspary ont
étudié au même point de vue les grandes fleurs du *Victoria*

(1) *Ueber Wœrmeentwickelung in der Bluethen der* Victoria
regia (*Bonplandia,* 1855, n°s 13 et 14).

(2) *Dello svolgimento di calore ne' flori della* Magnolia gran·
diflora L.

regia. D'après leurs observations, on observe trois maxima et deux minima de température.

Suivant l'accord unanime de tous les physiologistes, c'est aux anthères qu'est due principalement cette production de chaleur, bien que toutes les autres parties de la fleur y participent à un degré variable. De Saussure a fait voir depuis longtemps que dans les fleurs doubles, dans lesquelles les étamines sont transformées en pétales, le développement de chaleur est plus faible que dans les fleurs simples des mêmes espèces. On a remarqué encore, en comparant au même point de vue les fleurs mâles aux fleurs femelles, que l'avantage est aux premières (*Typha, Castanea, Cucurbita, Zea*). L'élévation de température des fleurs du *Victoria regia* se montre dans les pétales, dans les anthères et dans l'ovaire ; mais elle est plus considérable dans les anthères, où elle atteint de 3 à 4° R. au-dessus de la température de l'eau, et de 8 à 10° R. au dessus de celle de l'air ; dans ces fleurs, le maximum de la chaleur a lieu avant l'ouverture des anthères et la sortie du pollen. D'après M. Tassi, l'augmentation de chaleur, dans les fleurs du *Magnolia grandiflora*, n'a pas lieu dans les étamines, auxquelles elle se communiquerait seulement d'après lui, mais dans la portion staminifère de l'axe floral.

Des expériences délicates de physique et de chimie, répétées par plusieurs observateurs, ont montré que l'oxygène est absorbé en bien plus grande quantité par les étamines que par les autres organes de la fleur, et l'on sait que cette absorption est la cause directe de la production de chaleur. On trouvera l'exposé méthodique de ces faits dans un des traités de *Physique médicale* de M. le professeur Gavarret (1). Un observateur, Dunal (2), a montré, la balance à la main, qu'il se brûle de nombreux matériaux organiques pendant la floraison. Il a trouvé que 70 grammes d'une pâte formée avant la fécondation par les appendices du spadice de l'*Arum italicum*, traités comme la pomme de terre dont on veut extraire la fécule, ont donné 3 grammes de fécule desséchée à 20°; tandis que les mêmes organes, traités de même après la fécondation, n'en ont plus fourni que 0 gr. 25.

On doit rapprocher ces faits de ceux que nous offre le règne animal, dans lequel, d'après un grand nombre d'observateurs, les mâles jouissent en général d'une température plus élevée que les femelles, et surtout d'une plus grande résistance au froid (3).

Le développement de chaleur qui a lieu dans beaucoup de plantes au moment de la floraison a été considéré par M. Brongniart comme pouvant concourir à la fécondation, vu qu'il a cru remarquer plus de rapidité dans les mouvements des granules polliniques, lorsque la température est plus avancée.

(1) *De la Chaleur produite par les êtres vivants*, p. 520.

(2) *Considérations sur les organes floraux colorés ou glanduleux*. Montpellier, 1829.

(3) M. Martins a au contraire trouvé, après l'examen d'un grand nombre, que la température des Canards femelles est un peu plus élevée que celle des mâles.

CHAPITRE VI.

Des phénonènes postérieurs à la fécondation,

Ces phénomènes sont la formation de l'embryon et le grossissement de l'ovaire.

Nous n'insisterons pas sur la formation de l'embryon. Nous croyons que cette thèse, déjà longue, consacrée à l'étude de la fécondation et non de la génération ou de la reproduction, ne comprend pas nécessairement l'étude du développement de la graine, laquelle suffirait seule à une thèse. Nous voulons seulement rappeler les principaux phénomènes qui s'observent immédiatement après la fécondation dans le sac embryonnaire. Celui-ci fait quelquefois issue en dehors de ses enveloppes. Nous avons indiqué ce fait dans les *Thesium*. On le remarque aussi dans les Labiées et le genre *Symphytum*. Nous l'avons figuré dans le *Galeopsis versicolor* (pl. ii, fig. 5). On y remarque deux dilatations, l'une qui se dirige vers l'extrémité supérieure de l'ovule, l'autre vers la chalaze ; celle-ci est très-remarquable au point de vue physiologique. Dans les Bétoines la dilatation supérieure prend un aspect rubané et s'allonge considérablement, en se pliant plusieurs fois sur elle-même. Dans les Véroniques l'extrémité supérieure du sac produit des végétations multilobées et irrégulières (Tulasne) (1).

(1) Ces dilatations supérieures n'ont guère été observées que chez des ovules à nucelle nu ou à simple tégument.

L'apparition de l'endosperme (qui, on le sait, existe généralement dans le sac embryonnaire, quand même il doit disparaître par une résorption ultérieure et avant la maturité), a lieu à des époques différentes, généralement après la fécondation, mais quelquefois avant, dans un petit nombre de cas, peut-être sujets à révision (*Asarum*). Quelquefois la formation endospermique se manifeste seulement par l'apparition passagère de quelques cellules libres ou de nucléus cellulaires dans le liquide du sac embryonnaire, tout au moins sur certains individus de ces espèces (*Tropœolum, Trapa, Naias, Zostera, Ruppia, Canna,* Orchidées). Dans d'autres cas où doit avoir lieu la genèse d'un albumen abondant, c'est la cavité tout entière du sac qui se comporte comme cellule initiale de l'albumen (Asarinées, Aristolochiées, Balanophorées, Pyrolacées, Monotropées); la première subdivision de ce sac est due à la formation d'une cloison qui le partage en deux moitiés à peu près égales, dont chacune renferme un nucléus cellulaire, et dont chacune aussi produit à son tour, au moins une fois, de nouvelles cellules. Ou bien c'est seulement dans la subdivision supérieure du sac que se produit la subdivision en cellules de l'albumen (*Viscum, Thesium. Lathrœa, Rhinanthus, Melampyrum, Globularia*). La cellule initiale remplit au contraire la région moyenne du sac embryonnaire dans les *Veronica, Nemophila, Pedicularis, Plantago, Campanula, Loasa* et les Labiées; elle en occupe l'extrémité inférieure dans les *Loranthus, Acanthus, Catalpa, Hebenstreitia, Verbena, Vaccinium* (Hofmeister).

Dans d'autres cas sur lesquels je trouve moins de renseignements dans les auteurs, la genèse de l'endosperme

a lieu par plusieurs cellules initiales. Dans les Crucifères
M. Tulasne a observé la production, à la face interne du
sac embryonnaire, d'une couche simple, continue et générale de cellules vertes. Il a observé aussi que dans la Pensée
l'endosperme naît sous forme d'une membrane mince à la
face interne du sac embryonnaire.

La fécondation est suivie de la flétrissure du périanthe
et du gonflement de l'ovaire, Cependant, quand elle s'accomplit dans le bouton, la fleur ne s'en épanouit pas moins
après ; et dans quelques cas la corolle ne se flétrit pas
immédiatement après l'arrivée du pollen dans le tissu conducteur ; d'autrefois elle est flétrie longtemps avant que le
tube pollinique soit parvenu au micropyle. Quant au développement de l'ovaire, il ne faudrait pas croire qu'il soit
toujours le résultat de la fécondation. M. Planchon a rapporté que le chef des cultures de M. Van Houtte lui a dit
avoir fait grossir les ovaires de beaucoup d'Orchidées en
appliquant simplement sur le stigmate un corps étranger
quelconque. M. Germain de Saint-Pierre a fait remarquer
qu'il est des fruits, tels que les poires par exemple, qui
peuvent mûrir en apparence sans avoir été fécondés et sans
contenir de graines fertiles. M. Cosson a rapporté également que les *Salix hippophaëfolia* et *undulata*, qui ne sont
représentés aux environs de Paris que par des individus
femelles, développent d'abord leurs ovaires de la même
manière que s'ils étaient fécondés, mais qu'après avoir
acquis le volume à peu près normal, ces ovaires ne tardent
pas à se flétrir et à tomber. Enfin M. Regel (*Die Parthenogenesis im Planzenreiche*), a observé sur un pied robuste
de *Ceratozamia robusta* Miq., de grosses graines, parfaites en apparence, mais dans lesquelles la dissection lui

a montré qu'il n'existait pas la moindre ébauche d'embryon. Il a trouvé dans ces graines, vers le micropyle, quatre vésicules embryonnaires qui ont donné naissance à des cellules-filles dans leur intérieur, mais non à un embryon. M. Duchartre a montré à la Société botanique des graines de *Cycas revoluta* qui se trouvaient dans le même état.

CHAPITRE VII.

Des fécondations croisées.

Dans tout ce qui précède, nous avons uniquement parlé des phénomènes de la fécondation considérés dans une seule fleur, et en supposant implicitement que le pollen venait des anthères mêmes de la fleur dont il fécondait les ovules. Les choses ne se passent pas toujours ainsi dans la nature, non-seulement dans les fleurs à sexes séparés, mais même dans les fleurs hermaphrodites, où souvent les étamines et les stigmates ne sont pas prêts en même temps pour l'imprégnation. Nous partagerons naturellement l'étude de ces faits en plusieurs paragraphes, et nous étudierons la fécondation croisée, d'abord entre fleurs différentes d'un même individu ; puis entre individus différents de la même espèce ; enfin entre individus d'espèces ou même de genres différents.

1° *Entre fleurs différentes d'un même individu.*

Nous nous occuperons d'abord des fleurs hermaphrodites ; en second lieu, des fleurs unisexuées.

De Candolle a fait remarquer depuis longtemps (*Phys. vég.,* t. II, p. 521) que, dans plusieurs plantes dont les fleurs sont en tête : Composées, Campanulacées et Dipsacées, les stigmates de chaque fleur sont souvent fécondés par les anthères des fleurs voisines. « Il en est ainsi, dit-il, dans toutes les plantes que Conrad Sprengel range dans sa classe de sa dichogamie, c'est-à-dire dans celle dont les deux sexes ne se développent pas en même temps. » M. Lecoq a fortement insisté sur ce sujet dans ses dernières publications (1), et il en a même fait le sujet d'une communication spéciale à l'Académie des sciences. Il appelle fécondation indirecte la fécondation dans laquelle la fleur, tout en étant hermaphrodite, est fécondée par les étamines d'une autre fleur. Cette espèce d'anomalie peut, d'après lui, être due à deux causes : la première est la position des organes ; la seconde, leur inégalité de développement ou d'aptitude.

Dans le premier cas se trouvent un grand nombre de Graminées. Prenons le *Phleum* ou le Seigle pour exemples ; on y voit les étamines de la première fleur inférieure qui s'ouvre rester pendantes, de manière à rendre la fécondation très-difficile ; mais les étamines de la fleur qui se trouve immédiatement au-dessus, et qui s'ouvre la seconde, sont également pendantes, et leurs anthères se trouvent justement placées dans la fleur inférieure, ou du moins d'une manière très-propre à favoriser le contact de leur pollen avec le stigmate de la première fleur. A mesure que la floraison s'opère, les fleurs sont successivement fécondées par celles qui sont placées immédiatement au-dessus.

(1) *De la fécondation naturelle et artificielle des végétaux, et de l'hybridation considérée dans ses rapports avec l'horticulture, l'agriculture et la sylviculture ; contenant les moyens pratiques d'opérer l'hybridation et de créer facilement des variétés nouvelles*, 2ᵉ édit.; Paris, 1862.

Dans le second cas se trouvent probablement beaucoup
plus de végétaux qu'on ne pense ; un petit nombre ont été
indiqués. M. Lecoq cite le genre *Pelargonium,* dans
lequel, dit-il, les anthères n'ont plus de pollen quand le
pistil est propre à le recevoir ; l'*Aconitum,* dans lequel les
étamines et les pistils se développent généralement à des
époques différentes ; les *Silene,* dont quelquefois les cinq
premières étamines se développent avant les trois styles,
et les cinq autres plus tard ; les *Lychnis,* l'*Althœa,* les
Evonymus, les *Sedum,* les *Sempervivum,* les *Saxifraga,* dans lesquels les anthères perdent leur pollen avant
que les stigmates soient disposés à le recevoir. Au contraire, dans les *Celosia,* les stigmates sont prêts les premiers. J'ai observé sur le *Veronica spicata* un fait à
joindre à ceux que rapporte M. Lecoq. Dans cette plante,
les fleurs sont disposées suivant une série de cycles très-
contractés, simulant des verticilles. L'épanouissement
commence par la base, de telle manière que la fleur n° 1
du cycle n° 1 s'épanouissant la première, la deuxième épanouie est la fleur n° 1 du cycle n° 2, placée immédiatement au-dessus de la précédente. Quand les fleurs s'ouvrent, le style reste horizontal, ou plutôt dirigé de haut
en bas, tandis que les deux étamines sont dressées ; elles
répandent leur pollen généralement le jour qui suit l'épanouissement. Ce n'est que le troisième ou le quatrième jour
que le style se relève et s'allonge, en érigeant les papilles
stigmatiques ; il se place souvent alors entre les étamines
de la fleur supérieure, qui sont aptes à la fécondation.
Dans le cas de ce genre, la nature assure quelquefois l'imprégnation au moyen d'artifices particuliers, comme nous
l'avons raconté pour le *Lopezia.*

Il est à remarquer que les Véroniques à épi, comme la plupart des plantes citées plus haut, d'après M. Lecoq, sont très-fréquemment visitées par les insectes.

Les fleurs unisexuées monoïques, dont nous avons seulement à nous occuper ici, sont fréquemment disposées de façon à ce que les mâles étant supérieurs aux femelles, le pollen tombe naturellement sur le stigmate (*Arum, Ficus, Sparganium, Typha, Carex*, sect. *Eucarex*). Mais il n'en est pas toujours ainsi. Dans le *Carex leporina* et quelques autres, plusieurs des épillets sont androgynes, et femelles au sommet. Il est évident alors que la partie supérieure d'un épillet doit recevoir le pollen de la partie inférieure de l'épillet supérieur. Dans l'Aulne, le Noisetier, les fleurs mâles sont placées à l'extrémité d'un rameau, et les fleurs femelles au-dessous; dans ce cas elles doivent être fécondées par les fleurs sous lesquelles elles se trouvent; mais, dans les Pins, les cônes formés par les fleurs femelles étant placés à la partie supérieure des rameaux et dirigés en haut, et les fleurs mâles latéralement au-dessous d'elles, les premières correspondent aux fleurs mâles du rameau supérieur de qui elles doivent recevoir l'imprégnation. Il en est de même dans les *Poterium,* où les fleurs sont presque toujours unisexuées, et disposées en capitules qui terminent chaque rameau; ces capitules sont mâles inférieurement, et femelles supérieurement; or les étamines sont pendantes, et les femelles ne peuvent être fécondées que par les étamines du capitule supérieur. Ces faits rappellent de très-loin la reproduction de quelques mollusques, ou notamment celle des Lymnées, dans laquelle chaque individu joue le rôle de mâle par rapport à celui qui le précède, ou de femelle par rapport à celui qui le suit. Les inflorescences du *Cynomorium* présentent encore, d'après M. Weddell, quelque chose d'analogue. On remarque, en effet, dit cet excellent observateur, que les anthères d'une inflorescence n'émettent leur pollen qu'alors que le pistil des fleurs femelles est flétri depuis longtemps, et que l'embryon est en pleine voie de développement; les fleurs femelles ne sont donc fécondées que par le pollen d'une inflorescence voisine.

Les plantes monoïques se comportent quelquefois, relativement à la fécondation, comme des plantes dioïques, quand leurs fleurs mâles ne s'ouvrent pas en même temps que les femelles. C'est ce qui a lieu dans le *Cucurbita Pepo*, d'après M. Lecoq.

Le concours des insectes est éminemment utile dans tous les cas que nous venons de rapporter. On sait qu'on l'a utilisé artificiellement, pour la caprification du Figuier, en secouant sur les rameaux du Figuier cultivé ceux du Figuier sauvage ou *Caprifiguier*. Les *Cynips* qui sortent alors des figues sauvages pénètrent par l'orifice supérieur dans les figues cultivées et en opèrent la fécondation artificielle. Il ne faudrait pas confondre cette opération avec celle que l'on pratique en Orient sur le Dattier.

2° *Entre individus différents.*

La fécondation croisée peut avoir lieu entre individus différents, soit parce qu'elle est nécessaire, comme dans les plantes dioïques, soit chez les plantes hermaphrodites.

Le premier cas, la fécondation des plantes dioïques à distance, par le concours des insectes, et peut-être par celui du vent, est connu pour ainsi dire de toute antiquité :

nous en avons donné l'historique en commençant cette thèse. On sait que la fécondation artificielle des Dattiers n'ayant pu être pratiquée en Egypte pendant la guerre de 1798, ces arbres demeurèrent tous stériles. Aujourd'hui encore, cette opération se pratique en Algérie et dans tout l'Orient. En Egypte, elle a lieu en février et mars ; en Algérie, vers le mois d'avril (1). Les spathes mâles sont fendues au moment ou l'espèce de crépitation qu'elles produisent sous le doigt indique que le pollen des fleurs de la grappe est suffisamment développé, sans toutefois s'être échappé des anthères ; la grappe est ensuite divisée par fragments portant chacun sept ou huit fleurs. Après avoir placé les fragments dans le capuchon de son burnous, l'ouvrier grimpe avec une agilité merveilleuse jusqu'au sommet de l'arbre femelle, en s'appuyant sur une anse de corde passée autour de ses reins, et qui embrasse à la fois son corps et le tronc de l'arbre ; il se glisse ensuite avec une adresse extrême entre les pétioles des feuilles, dont les aiguillons, forts et acérés, rendent cette opération assez dangereuse ; et, après avoir fendu avec un couteau la spathe femelle, il y insinue l'un des fragments qu'il a emportés avec lui. En Egypte, on lie l'extrémité des spathes femelles après cette opération.

Dans les plantes dioïques, la nature cherche quelquefois à assurer la fécondation par des moyens particuliers ; les fleurs femelles ont des styles très-saillants, et susceptibles de prolonger longtemps leur état d'orgasme, et les individus mâles, d'après une remarque faite par de Candolle, sont, en général, plus nombreux.

(1) Voy. *De la culture du Dattier dans les oasis des Ziban*, par MM. E. Cosson et P. Jamin ; in *Bull. Soc. bot.*, II, 36.

Nous avons longuement raconté plus haut (voy. p. 76) l'histoire de la Vallisnérie, que nous n'avons pas voulu séparer de celle des plantes aquatiques à fleur hermaphrodite. Enfin, la fécondation croisée peut avoir lieu entre individus différents, même à fleur hermaphrodite, du moins en apparence, comme chez les *Primula*, sur lesquels M. Darwin a longuement étudié le dimorphisme des organes sexuels. On savait avant lui que dans les Primevères de nos prairies, comme dans les Auricules et les Primevères de la Chine, on distingue deux formes très-différentes par la longueur du style et par la position des étamines; mais on n'en savait pas davantage. Dans l'une de ces formes, le stigmate est inclus, et les étamines se montrent à l'issue du tube de la corolle; dans l'autre, ce sont les étamines qui sont enfermées, et le stigmate qui fait saillie, porté par un long style.

M. Darwin a remarqué que les Primevères *longuement stylées* ont un pistil beaucoup plus long, avec un stigmate globuleux et beaucoup plus rugueux, situé bien au-dessus des anthères. Les étamines sont courtes; les grains de pollen moins volumineux et de forme oblongue; la moitié supérieure du tube de la corolle est plus renflée, et le nombre des graines produites est relativement plus faible. Les Primevères *brièvement stylées* ont un pistil court, dont la longueur est moitié plus courte que celle du tube de la corolle, avec un stigmate lisse aplati, placé au dessous des anthères; les étamines sont allongées, les grains de pollen sphériques et plus volumineux; le tube de la corolle conserve son même diamètre jusqu'à son extrémité supérieure; le nombre des graines produites est relativement plus grand. En poursuivant ses expériences sur le degré de fertilité des Primevères, M. Darwin eut l'idée de les isoler au moyen d'une gaze, et de mettre ainsi les ombelles fleuries à l'abri des insectes. Il obtint alors ce résultat curieux que des plantes à court style, munies ensemble de 27 ombelles de fleurs, ne produisirent que 50 graines, et que 18 plantes à long style, pourvues de 74 ombelles, n'en donnèrent pas une seule ; d'autres plantes abritées dans la serre furent également stériles. Il fait remarquer qu'ici, comme dans la plupart des plantes désignées, le concours des insectes semble indispensable. En fécondant artificiellement les styles allongés par le pollen des anthères allongées, il a obtenu une fertilité complète et de même en fécondant les styles courts par les étamines courtes ; tandis qu'en fécondant les styles longs par les étamines courtes, qui appartenaient aux mêmes fleurs, ou les styles courts par les étamines longues, il n'a obtenu qu'une fertilité incomplète. Le but de la nature dans ces cas, selon M. Darwin, est de favoriser le croisement entre individus distincts.

Nous nous arrêtons ici dans l'exposé des fécondations indirectes, sujet qui est tout à fait à l'ordre du jour à présent, et ne manquera pas d'être enrichi par des observations antérieures. Il est extrêmement intéressant au point de vue philosophique, parce qu'on y voit la tendance de la nature à assurer dans le règne végétal la reproduction entre individus distincts, de même qu'elle préfère dans le règne animal les unions entre individus de famille et même de races différentes.

Lorsque les croisements ont lieu entre individus différents, ils amènent souvent la création de types nouveaux nommés métis, si les parents sont de la même espèce; hybrides, s'ils sont d'espèce différente.

Nous n'avons point l'intention d'exposer ici dans son extension l'immense question de l'hybridité, nous voulons seulement en présenter un court résumé historique, et étudier dans quelles conditions peuvent se former les nouveaux produits, c'est-à-dire dans quelles limites la fécondation est possible entre des types différents et entre leurs produits. Nous joindrons à ce chapitre un appendice relatif à la fécondation artificielle.

Camerarius avait déjà quelques notions du croisement dans les plantes, mais ce fut en réalité Bradley qui en parla le premier comme d'un fait positif. En 1761 parut le petit ouvrage de Kœlreuter, qui eut deux suppléments en 1763 et 1766. Ce travail, tout à fait fondamental, renferme une division des hybrides en trois catégories : 1° les hybrides parfaits ou complétements stériles, 2° les hybride imparfaits ou faiblement fertiles, 3° les variétés hybrides ou parfaitement fertiles. L'auteur y assigne deux causes à la stérilité complète des vrais hybrides, l'imperfection du pollen et celle de l'organe femelle. Linné n'avait pas des idées très-exactes sur les hybrides, et il cite à cet égard quelques exemples faux, d'après M. Klotzsch. Plus tard, les expériences de Sageret (1) et de Gærtner (2) appelèrent l'attention sur les croisements artificiels. Knight établit que le croisement des deux es-

---

(1) Considérations sur la production des hybrides, des variantes et des variétés en général, et sur celles de la famille des Cucurbitacées en particulier. *Ann. sc. nat.*, 1ʳᵉ série, t. VIII, p. 294.

(2) Notice sur des expériences concernant la fécondation de quelques végétaux. *Ann. sc. nat.*, 1ʳᵉ série, t. X, p. 113.

pèces donne des hybrides incapables de se féconder
eux-mêmes, tandis que celui de deux variétés d'une même
espèce donne des plantes parfaitement fertiles, conclusions
contestées par M. W. Herbert. Il a réussi à produire par croisement plusieurs variétés très-remarquables d'arbres frui-
tiers. En Allemagne, le travail de Wiegmann, couronné
par l'Académie des sciences de Berlin, et publié en 1828,
fut suivi des deux ouvrages importants de Gærtner parus
en 1844 et 1849. Depuis cette époque et même avant, un
grand nombre de travaux se sont produits ayant pour but
de décrire des formes hybrides nouvelles entre espèces
bien connues; mais nous craignons que dans beaucoup de
ces travaux on n'ait accordé une trop grande importance
à la transformation de quelques caractères extérieurs, et
qu'on n'ait pas suffisamment établi l'origine hybride des
produits qualifiés de ce nom. Nous exceptons hautement
de cette réserve les beaux travaux de M. Naudin, qui
ont éclairci singulièrement, suivant nous, l'idée que l'on
doit se faire aujourd'hui de l'espèce et de ses variations,
en rappelant que M. Naudin a précisément révélé que le
nombre des hybrides est moins étendu qu'on croyait, et
que, dans les Curcubitacées notamment, où, malgré les
expériences les mieux conduites, il n'a pu en produire, on
avait confondu les hybrides avec les métis.

Il y a deux questions à examiner ici au sujet des hybrides :
1° dans quelles limites est possible la production des hybrides; 2° dans quelles limites les hybrides sont susceptibles eux-mêmes de fécondation.

Sur la première question, nous devons répéter que la
confusion qui règne encore dans la science au sujet de
l'espèce, dont il n'existe pas de bon critérium, rend la con·

clusion très-difficile à tirer, attendu qu'on ne sait pas toujours, quand on a obtenu un produit différent de ses père et mère, si ceux-ci appartenaient à deux espèces différentes ou à deux races différentes d'une même espèce. Nous avons rapporté déjà ces exemples offerts par des Orchidées classées dans des genres différents (*Cataselum, Myanthus, Monacanthus*), qu'on est disposé à regarder aujourd'hui comme des formes de la même espèce, en rapport avec des différences sexuelles. D'un autre côté, des formes très-voisines, qu'on serait disposé à regarder comme étroitement alliées, n'offrent jamais des croisements féconds. Comme le dit M. Darwin (1), nul jusqu'ici n'a pu encore découvrir quelle est la nature ou le degré des différences apparentes, ou du moins reconnaissables, qui empêchent deux espèces de pouvoir s'allier. On peut trouver dans la même famille un genre, tel que les *Dianthus*, dont beaucoup d'espèces croisent très - aisément (2), et un autre genre tel que les Silènes, dont les efforts les plus persévérants n'ont jamais pu obtenir un seul hybride, même entre les espèces les plus voisines. Ainsi, les diverses espèces de *Nicotiana* ont donc lieu à de nombreux croisements, et Gærtner a trouvé que le *N. acuminata*, qui cependant n'a rien qui le distingue absolument de ses congénères, se refusait à féconder non moins de huit

_____

(1) *De l'origine des espèces, ou des lois du progrès chez les êtres organisés*, p. 365.

(2) Le riche herbier de M. le comte de Franqueville contient une série d'hybrides obtenus artificiellement par Gærtner dans les genres *Dianthus, Cucubalus, Lychnis, OEnothera, Lobelia, Verbascum, Digitalis* et *Nicotiana*. Ces échantillons sont accompagnés d'étiquettes et de notes de la main même de Gærtner.

autres espèces de *Nicotiana* et à se laisser féconder par elles.

Quelquefois même certaines espèces se prêtent au croisement, et non au croisement réciproque. Ainsi le *Mirabilis Jalapa* peut être aisément fécondé par le pollen du *M. longiflora*, et Kœlreuter essaya, pendant le cours de huit années consécutives, de féconder le *M. longiflora* avec le pollen du *M. Jalapa*, sans pouvoir y réussir.

On a cru quelquefois constater la possibilité de croisements entre plantes de genres différents; mais ici se présente la même difficulté que plus haut : on ne possède pas plus le critérium du genre que celui de l'espèce. M. Weddell (1) a trouvé à Fontainebleau, en 1841, un hybride entre le genre *Orchis* et le genre *Aceras*, qu'il a appelé, du nom de ses parents supposés, *Aceras antropophoro-militaris*, et qui présente en effet des formes intermédiaires entre eux ; d'après M. Cosson (2), l'*Orchis spuria* Rchb. f. est également un hybride de ces deux genres; mais les genres *Orchis* et *Aceras* ne sont guère différents que dans notre esprit et nos classifications (Lecoq), et ne reposent que sur de faibles différences organographiques.

Nous parlerons plus loin des hybrides bien constatés entre les genres *Triticum* et *Ægilops*, qui présentent entre eux plus de différence ; cependant MM. Grenier et Godron les ont réunis (3).

Mais lorsque le pollen d'une plante est placé sur le

(1) *Ann. sc. nat.*, 3ᵉ série, XVIII, p. 5.
(2) Cosson et Germain de Saint-Pierre, *Flore des environs de Paris*, 2ᵉ édit., p. 679.
(3) *Flore de France*, t. III, p. 601.

stigmate d'une autre plante de famille distincte, son action est aussi nulle que pourrait l'être celle d'une égale quantité de poussière inorganique.

Il est à remarquer que les croisements ont été constatés chez les végétaux sur une bien plus grande échelle que dans le règne animal. Il est entendu que nous ne parlons ici que des croisements entre espèces différentes.

Vient maintenant une seconde question, l'étude de la fécondité des hybrides. Ici encore se présente la difficulté que nous avons déjà signalée ; quand un produit résultant de croisements est fécond, on hésite pour savoir s'il provient d'espèces ou de races différentes, et souvent on a conclu pour la seconde opinion en vertu de préoccupations théoriques. En effet, les anciens auteurs, Kœlreuter, Gærtner, Knight, ont généralement conclu à la stérilité des hybrides, qui paraît reconnue aujourd'hui par les observateurs.

Cependant M. W. Herbert, extrêmement habile en horticulture, était parvenu à des opinions toutes différentes. Dans une lettre écrite en 1835 à M. Ch. Darwin (1), il lui disait avoir fécondé l'*Hippeastrum aulicum* tantôt avec son propre pollen, tantôt avec celui d'un hybride descendu de trois autres espèces distinctes, et n'avoir réussi que dans le second cas, et cela pendant cinq années consécutives. Il affirme qu'un hybride de *Calceolaria integrifolia* et de *C. plantaginea*, espèces aussi dissemblables que possible par leurs habitudes générales, « s'est reproduit aussi régulièrement que si c'eût été une espèce naturelle des montagnes du Chili. » M. Naudin a reconnu

(1) Darwin, *l. c.*, p. 358.

aussi, contre l'opinion générale, que la plupart des hybrides sout fertiles, et que sauf l'avortement des grains polliniques, tous peuvent le devenir dans certaines conditions d'âge et de culture. M. Lecoq, vivement attaqué dans la première édition de son ouvrage sur la *fécondation naturelle et artificielle* des végétaux pour avoir dit qu'il existe plus d'hybrides fertiles que d'hybrides stériles, écrit dans sa seconde édition (p. 65) qu'il a été pleinement confirmé dans son opinion. M. Darwin, dans son grand ouvrage *De l'origine des espèces* (p. 35 et suiv.) soutient également la doctrine de la fertilité des hybrides, laquelle s'accorde bien avec les mutations successives qu'il entrevoit dans sa théorie sur la filiation des êtres organisés. D'après lui (p. 359) il est notoire que toutes les espèces de *Pelargonium, Fuchsia, Calceolaria, Petunia, Rhododendron*, ont été croisées de mille manières, et cependant plusieurs de ces hybrides produisent régulièrement des graines. M. Noble lui a assuré qu'il avait un très grand nombre de graines d'un hybride entre les *Rhododendron Ponticum* et *Rh. Catawbiense*, et que cet hybride donne des graines aussi abondamment qu'il est possible de se l'imaginer. M. Lecoq a obtenu des graines de ses *Mirabilis* hybrides.

Dans l'état actuel de la science, il est donc reconnu que certains hybrides, placés dans des conditions spéciales, peuvent donner des graines. Mais cela n'est ordinairement vrai que si on les féconde avec un pollen étranger, car le leur est rarement propre à la reproduction. L'examen microscopique en fait presque toujours reconnaître l'imperfection, qui, d'après M. Klotzsch (1), consiste dans l'absence de

(1) *Ueber die Nutzanwendung der Pflanzen-Bastarde und*

la matière analogue à la bassorine, et dans la faiblesse du revêtement externe des grains. D'ailleurs, M. Darwin s'efforce de faire admettre que la fécondation croisée, qui paraît être le but des efforts de la nature, est plus efficace que la fécondation par les étamines de la fleur fécondée (1).

M. Lecoq a reconnu sur des *Mirabilis* qu'on pouvait déterminer la production des fruits en mutilant la plante, c'est-à-dire en lui enlevant des rameaux, ce qui appelle davantage la sève sur les fruits qui lui restent ; cette manière de procéder n'a pas été appliquée seulement aux plantes hybrides.

La question la plus importante à examiner, relativement à la fécondité des hybrides, est de savoir dans quelles limites s'exerce cette faculté. On s'en est beaucoup préoccupé au point de vue théorique, en prétendant que si les hybrides étaient reconnus indéfiniment fertiles, cela dérangerait l'ordre établi par le créateur. En se renfermant dans le domaine de l'observation et de la discussion scientifique, on a vu que les hybrides ne se perpétuent ordinairement que dans un petit nombre de générations, et qu'ensuite ils retournent au type de leurs parents ; alors nous n'avons plus à les étudier. Un très-petit nombre d'entre eux ont été poursuivis pendant un nombre assez considérable de générations pour qu'on soit autorisé à dire qu'ils se sont fixés ; de ce nombre sont les hybrides obtenus entre

Mischlinge (Monastb. der K. Preuss. Akad. der Wissensch. zu Berlin, 1854, p. 535-562.

(2) M. Bentham, dans un travail publié en avril 1861 dans le *Natural history review (On the species and genera of plants)*, se montre disposé à partager, dans de certaines limites, l'opinion de M. Darwin sur l'importance des fécondations croisées dans la nature.

les *Triticum* et les *Ægilops*, et notamment l'*Ægilops triti-coides* Req. (*Triticum vulgari-ovatum* Godr. et Gren.), dont l'origine hybride est parfaitement prouvée. M. Fabre a obtenu dix-neuf générations successives de cet hybride, en expérimentant dans le département de l'Hérault. M. Grœnland a entrepris une série d'expériences, faites à Verrières près Paris, en hybridant artificiellement l'*Ægi-lops ovata* par le pollen de diverses variétés de *Triticum;* mais les hybrides obtenus sont revenus, l'année d'après, au type de leur père (1). D'après les expériences de M. Godron, et malgré les négations opposées de M. Jordan, qui a voulu voir des espèces légitimes dans les différents hybrides dont nous parlons, il paraît évident que l'*Ægi-lops triticoides* a aussi donné naissance à une seconde forme hybride, l'*Ægilops speltæformis* Jord., plus rap-proché des *Triticum;* or cette dernière plante est cultivée depuis plusieurs années au Muséum, où elle n'a pas varié. Ce qu'il y a de curieux, c'est que la fécondité de ces hy-brides augmente à mesure qu'ils s'éloignent davantage du point de départ.

Nous voulons, en terminant, dire un mot des fécondations artificielles, dont nous avons parlé plusieurs fois çà et là

(1). J. Grœnland, *Ueber die Bastardbildungen in der Gattung Ægilops*, dans *Prinhsheim's Jarbuecher*, vol. I, cah. III, 1858; et *Bull. Soc. bot. Fr.*, t. V, p. 364. En semant une graine hybride récoltée sur un pied d'*Ægilops triticoides* dans le département de l'Hérault, M. Grœnland a obtenu, au milieu de nombreux retours au type paternel, des descendants qui ont conservé le type de l'*Ægilops triticoides;* il paraît disposé à conclure de cette obser-vation que les hybrides naturels ont plus de tendance à se fixer que les hybrides artificiels. (Voy. *Bulletin Soc. botan.*, t. VIII, p. 612.)

dans le courant de ce travail. Nous ne reviendrons pas sur ce qui a déjà été dit.

Une circonstance, dont il n'a point encore été question, facilite singulièrement les fécondations artificielles, nous voulons parler de la possibilité de conserver le pollen pendant un certain temps sans qu'il perde ses propriétés fécondantes. Il y a longtemps que Gleditsch faisait venir du pollen par la poste. Linné a conservé pendant six semaines le pollen du *Jatropha urens*, et s'en est servi avec succès pour féconder des fleurs femelles. M. Haquin, de Liége, a fécondé des Lis avec succès, en se servant de pollen extrait depuis quarante-huit jours; des Azalées avec du pollen de quarante-deux jours, et des Camélias avec du pollen de soixante-cinq jours. M. Hay Brown, horticulteur anglais, a obtenu un hybride avec un pollen qu'il avait conservé six semaines enveloppé dans un morceau de papier. M. Giraud a conservé pendant un an du pollen de Lis blanc, avec lequel il a obtenu des fécondations. M. Chatin en a conservé pendant plusieurs années. M. E. Faivre a exposé cette année dans le cours qu'il a fait au collége de France, comme suppléant de M. Flourens, des expériences intéressantes à ce sujet. Il a recueilli à Lyon du pollen de *Gesneria cinnabarina*, le 5 janvier 1862; le 5 janvier 1863, ce pollen a été employé avec succès à la fécondation d'une plante de la même espèce; au mois de mars, les mouvements Browniens persistaient encore dans les boyaux émis par ce pollen, mais affaiblis. Le 2 avril dernier, M. Houllet a fécondé avec ce pollen un *Gesneria cinnabarina* au Muséum; l'opération a très-bien réussi (1).

(1) Lettre de M. Faivre du 15 juillet.

Il y a différents moyens proposés pour la conservation du pollen. Le meilleur et le plus généralement adopté par les horticulteurs, est de recueillir les anthères au moment où elles vont s'ouvrir, et de les placer dans de petits verres de montre que l'on colle deux à deux avec un peu de gomme arabique légèrement posée sur les bords ; on a soin de les laisser auparavant quelques heures ouverts, afin que le pollen se dessèche à l'air libre.

Les précautions à prendre pour pratiquer la fécondation artificielle sont de pratiquer la castration des fleurs en lesquelles on opère, et surtout de la pratiquer assez tôt, et de toucher avec le pollen étranger tous les stigmates, si la fleur en a plusieurs. Quand l'organe femelle est placé très-bas dans la fleur, il est quelquefois nécessaire de fendre la corolle pour l'atteindre. Il faut choisir selon les fleurs sur lesquelles on agit, le moment de la journée (c'est ordinairement le matin) et l'époque de la vie de la fleur où l'imprégnation s'y fait naturellement. Il est bon, lorsqu'on le peut, d'appliquer sur le stigmate, en y posant le pollen, un peu de la liqueur miellée que renferment les nectaires de la fleur et qui aide souvent à l'apparition des tubes polliniques.

CHAPITRE VIII.

De la Parthénogénèse.

La fécondation est-elle toujours nécessaire pour déterminer la forme d'un embryon? Telle est la question que
nous devons étudier maintenant, et qui a été vivement
agitée dans ces dernières années. Nous avons vu, dans
notre *Exposé historique*, que dès 1694, Camerarius s'é-
tonnait d'avoir vu fructifier des Chanvres femelles séparés
des mâles, et voyait là une difficulté pour la théorie
sexuelle qu'il soutenait énergiquement. Cependant un
grand nombre d'expérimentateurs, Bradley, Delius,
Swayne, Phil. Miller, et surtout Linné, firent voir qu'en
ôtant les étamines des fleurs hermaphrodites, ou les fleurs
mâles des végétaux monoïques, ou enfin en séquestrant
les femelles des végétaux dioïques, on n'obtenait aucune
graine. Bradley retrancha les étamines de la Tulipe;
Linné celles du *Chelidonium corniculatum*, de l'*Albuca
major*, de l'*Asphodelus fistulosus*, et d'un *Nicotiana*; on
alla plus loin : on coupa l'un des styles d'un ovaire qui
en avait plusieurs, et dans la loge correspondante les
ovules avortèrent. D'un autre côté, Linné, ayant dans ses
serres des pieds de *Jatropha*, d'*Antholiza*, de *Cunonia*,
qui ne donnaient point de semences, répandit sur elles un
pollen étranger, et les rendit fertiles. Les expériences de
Kœlreuter et de Gærtner étaient également des plus pro-

bantes en faveur de la théorie de la fécondation, lorsque
Spallanzani vint jeter sur elle quelque doute par ses observations, très-sérieusement faites. Ayant isolé des individus
femelles d'Épinard et de Chanvre, il recueillit des semences
qui germèrent ; on lui objecta que des grains de pollen
pouvaient avoir été transportés par le vent ou les insectes ;
alors il éleva dans une serre chaude, au milieu de l'hiver,
des pieds de Melon d'eau ; il eut soin, dit-il, de retran-
cher les fleurs mâles, et cette fois encore il obtint des
fruits mûrs et des graines fertiles (1). Bientôt après A. de
Marti (2) et Serafino Volta (3) répétèrent et contredirent
les expériences de Spallanzani. Volta ne trouva pas de
graines fertiles sur la Mercuriale et le Chanvre quand il
eut soin d'enlever toutes les étamines. Il faut savoir en
effet que ce qui a tant compliqué cette question, et ce qui
explique les erreurs de plusieurs observateurs, c'est qu'il
est fréquent de rencontrer accidentellement quelques fleurs
mâles sur les pieds femelles de certains végétaux dioïques.
M. Moquin-Tandon en a trouvé sur l'Épinard, MM. Payer
et Baillon (4) et quelques autres botanistes, sur les pieds
femelles de Chanvre et de Mercuriale ; on a même donné
le nom de *Mercurialis ambigua* à une forme du *Mercurialis annua* caractérisée, outre une modification dans les

(1) Spallanzani, *Mémoire sur la génération des plantes*, traduit par Sénebier.

(2) *Experimentos y observaciones sobre los sexos y la fecon-
dation de las plantas,* 1 vol. in-8°; Barcelone, 1791.

(3) *Mémoires de l'Académie de Mantoue*, t. I, p. 226.

(4) Ce dernier observateur a constaté non-seulement la monœcie,
mais encore l'hermaphroditisme accidentel chez cette plante (*Bull.
Soc. bot. Fr.*, t. IV, p. 694). Marti l'avait rencontré sur les fleurs
du Pastèque.

feuilles, par la réunion des sexes sur le même individu ; je pourrais encore ajouter à ces exemples celui d'un *Chamærops* cultivé au jardin de la Faculté, qui m'a offert des fleurs hermaphrodites; M. Regel a observé des faits semblables.

Ces difficultés n'ont pas empêché les observations de se multiplier. En 1819 et 1820, M. Lecoq entreprit des expériences multipliées sur le Chanvre, l'Épinard, la Mercuriale, le *Trinia vulgaris*, le *Lychnis sylvestris*, et un *Cucurbita*. Il prit toutes les précautions possibles pour isoler les plantes mises en expériences, et cependant, à l'exception du *Cucurbita* et du *Lychnis*, toutes lui donnèrent des graines fertiles (1).

La question se compliqua bientôt par les faits offerts par le *Cælebogyne ilicifolia*, que fit connaître M. John Smith (2), et qu'ont acceptés depuis tous les botanistes anglais. Cette Euphorbiacée est dioïque. Le seul échantillon mâle qu'on en connaisse a été recueilli par Cunningham, et se trouve dans l'herbier de M. Hooker. La femelle est cultivée à Kew depuis 1829, et aujourd'hui au jardin de Berlin et au Muséum de Paris; elle n'a jamais présenté de fleurs mâles et produit cependant chaque année (en Angleterre) de bonnes graines, desquelles sont provenus d'autres pieds femelles. L'étude qu'en ont faite, avec le secours du microscope, MM. Pringsheim et Deecke, leur a montré un sac embryonnaire ordinaire, et une formation embryonnaire normale. Plus tard M. Radlkofer

---

(1) Ces expériences ne furent publiées qu'en 1827 par M. Lecoq, dans une thèse soutenue à l'École de Pharmacie de Paris (*Recherches sur la reproduction des végétaux*). Il ne put convaincre ses juges.

(2) *Trans. of the Linn. Soc.*, 1841, p. 509.

étudia à son tour le *Cælebogyne* (1). Comme cette plante était cultivée à Kew en compagnie d'autres Euphorbiacées, on aurait pu supposer qu'elle était fécondée par hybridation. M. Radlkofer, pour détruire cette hypothèse, fait remarquer que les plantes de la troisième et de la quatrième génération ressemblent parfaitement au pied-mère primitif. Il n'a pu trouver un boyau pollinique dans aucune partie de l'ovaire ni de l'ovule du *Cælebogyne;* mais dans le sac embryonnaire encore jeune il a rencontré trois vésicules embryonaires appliquées contre la paroi interne de son extrémité supérieure. De ces vésicules étaient provenus, dans les ovaires avancés, tantôt un, tantôt deux, quelquefois même trois embryons.

Le fait du *Cælebogyne* avait servi à M. Al. Braun, au 32ᵉ congrès des naturalistes allemands, tenu à Vienne en 1856, dans sa séance du 17 septembre (2), pour édifier complétement la théorie nouvelle, en la fondant sur les phénomènes de *Parthénogénèse* observés par M. de Siebold, sur les Psychés, les Abeilles, les Pucerons, les Vers à soie, par M. Lecoq sur le *Bombyx Caja*, et par d'autres naturalistes sur quelques mollusques, notamment sur le *Paludina vivipara*. M. Al. Braun voulut la fortifier par l'exemple du *Chara crinita*, espèce largement répandue, dit-il, et dont on ne rencontre partout que des individus femelles, desquels proviennent quantité de fruits et de graines susceptibles de germer sans fécondation préa-

(1) *Der Befruchtungsprocess im Pflanzenreich und sein Verhæltniss zu dem im Thierreiche.* Leipzig, 1857. (Thèse pour le doctorat en philosophie.)

(2) Voyez le *Flora*, 1856, n° 38 et sq.

lable. M. Al. Braun ne connaît du *Chara crinita* mâle que
des échantillons recueillis près d'Orange, par Requien.

L'année précédente, en France, M. Naudin avait encore
repris les expériences de Spallanzani et de Bernhardi (1),
sur le Chanvre et sur la Mercuriale, ainsi que sur une Cu-
curbitacée qui n'avait pas encore été examinée à ce point
de vue, la Bryone.

A cette époque (1857), la doctrine de la parthénogénèse était généralement acceptée en Allemagne (2); elle
l'était en France par M. Decaisne, qui avait suivi les expériences de M. Naudin, et par M. Thuret, qui les avait répétées à Cherbourg. Une opinion nouvelle se produisait en
Allemagne pour la combattre. M. Seemann publiait, dans
le *Bonplandia* (1857, n°s 14 et 15), un article où l'on disait que les graines du *Cælebogyne* ne renferment pas
d'embryon, mais seulement un bourgeon ou faisceau
d'organes foliaires, ce qui rappelait le mode de génération particulier observé dans l'ovaire de certains insectes
par M. Ch. Robin, relativement aux germes produits sans
fécondation. M. Al. Braun répondit victorieusement à
M. Seemann par l'observation des faits. Mais il devait arriver à la théorie de la parthénogénèse les mêmes vicissi-
tudes qu'à la théorie de Schleiden, dont nous avons plus

(1) Voy. *Ann. des sc. nat.*, 2ᵉ série, t. XII, p. 362, les expériences de Bernhardi, confirmatives elles-mêmes de celles de Fouge-
roux, Dureau de La Malle, Girou de Buzareingues, etc.

(1) Voyez Al. Braun, *Ueber Parthenogenesis bei Pflanzen*, dans
les *Mémoires de la classe physique de l'Académie royale des
sciences de Berlin* pour 1856; et Radlkofer, *Ueber die wahre Parthenogenesis bei Pflanzen*, dans le *Zeitschr. f. wissensch. Zoolo-
gie* de Th. v. Siebold et Kölliker, 1857, 4ᵉ cahier, et dans le *Bonplandia* du 1ᵉʳ juillet 1857.

haut raconté le succès et la chute. Déjà M. Radlkofer avait
trouvé un grain de pollen sec sur le stigmate du *Cœlebogyne*
sans y attacher d'importance, et M. Deecke avait observé un
tube pollinique placé au contact du sac embryonnaire de la
la même espèce. Dans l'été de 1857, M. Baillon, étudiant
la plante au Muséum, rencontrait dans l'une de ses fleurs un
organe «qu'il pensait, sans pouvoir l'affirmer, être une
étamine anormalement développée dans l'intérieur de la
fleur femelle» (1). Cette observation, acceptée par M. Chatin, et vivement combattue par M. Decaisne (2), fut suivie
des remarques de Schenk et de M. Regel (3), et surtout
de celles de M. Karsten (4), qui constata que les fleurs hermaphrodites ne sont pas rares sur le *Cœlebogyne*; il en
trouva environ une sur cinq. Ces fleurs contenaient seulement une étamine, et quelquefois une seconde avortée;
celle qui atteignait son entier développement était, dit-
il, de la longueur des sépales de la fleur, son filet épais
et charnu, et son anthère réniforme, d'une couleur oran-
gée. Il a observé le tube pollinique et la fécondation de la
plante. M. Regel avait trouvé des fleurs mâles sur quelques pieds femelles de *Bryonia dioica,* ce qui détruisait
à ses yeux la portée des expériences de M. Naudin. M. Gasparrini, qui avait répété jadis les expériences de Spallanzani sur le Chanvre, reconnaît lui-même que ces expé-

(1) *De l'Hermaphroditisme accidentel chez les Euphorbiacées.*, in *Bull. Soc. bot. Fr.,* t. IV, p. 695.

(2) *Bull. Soc. bot. Fr.,* IV, p. 789.

(3) *Die Parthenogenesis im Pflanzenreiche (Mémoires de
l'Acad. imp. des sciences de Saint-Petersbourg,* 7ᵉ série, t. Iᵉʳ,
nᵒ 2, p. 1).

(4) *Das Geschlechtsleben der Pflanzen und die Parthenogenesis,* in-4ᵒ. Berlin, 1860.

riences ne prouvent presque rien, à cause du développement possible , et quelquefois observé d'organes staminaux parmi les fleurs du Chanvre femelle (1). M. Baillon avait déjà, dans l'*Adansonia*, en décembre 1860, rassemblé tous les documents cités plus haut et ses propres observations, pour conclure directement contre la théorie de la parthénogénèse. Il est certain cependant que quelques naturalistes sont encore disposés à l'admettre, mais dans des limites fort étroites. Même en rejetant toutes les observations faites soit à l'air libre, soit même en serre, sur des plantes dioïques qui deviennent accidentellement monoïques ou hermaphrodites, on a de la peine à concevoir que M. Braun, qui a observé pendant des mois entiers le *Cælebogyne*, n'ait pas vu de fleurs hermaphrodites se développer sur cette plante. Au demeurant, quand même il ne resterait que ce fait, dont l'authenticité est fort ébranlée par les observations de M. Karsten, on ne serait certes pas en droit d'en rien conclure contre la théorie de la fécondation, une des mieux prouvées qu'il y ait aujourd'hui en histoire naturelle.

Je ne veux pas terminer ce travail sans y témoigner l'expression de ma vive gratitude à mes amis, MM. J. Grœnland et L. Kralik, qui ont bien voulu m'aider dans la lecture des auteurs allemands tant de fois cités dans cette thèse.

(1) *Ricerche sulla embriogenia della Canape* (comptes rendus de l'Académie royale des sciences physiques et mathématiques de Naples, 1er fascicule, mai 1862).

BIBLIOGRAPHIE

ALPINUS (Prosper). De plantis Ægypti liber.

AMICI. Du pollen (*Ann. sc. nat.*, 1re série, t. II, p. 65).
— Ueber die Befruchtung der Kurbisses (*Flora*, 1845).
— Note sur le mode d'action du pollen sur le stigmate (*Ann. sc. nat.*, 1re série, t. XXI, p. 329).
— Sur la fécondation des Orchidées (*Ann. sc. nat.*, 3e série, t. VII, p. 193).

AUDIBERT. Conservation du pollen (*Revue horticole*, t. III, 4e liv., p. 160).

AUTENRIETH. De discrimine sexuali jam in seminibus apparente. Tubingæ, 1821.

BAILLON. Sur le mode de fécondation du *Catasetum luridum* Bull. Soc. bot. Fr., t. I, p. 285).
— Des mouvements dans les organes sexuels des végétaux et dans les produits de ces organes. Thèse de concours pour l'agrégation, 1856.
— De quelques particularités que présentent les organes de la fécondation (*Bull. Soc. bot. Fr.*, IV, p. 19).
— De l'hermaphroditisme accidentel chez les Euphorbiacées (*Bull. Soc. bot. Fr.*, t. IV, p. 692).
— Étude générale du groupe des Euphorbiacées. Paris, 1858.
— Recherches organogéniques sur la fleur des Conifères (*Adansonia*, t. I, p. 1).
— Considérations sur la parthénogénèse dans le règne végétal (*Adansonia*, t. I, p. 124-138).
— Mémoire sur les Loranthacées (*Adansonia*, t. II, p. 330-380).

BARBIERI (Paolo). Osservazioni microscopiche, memoria physiologico-botanica. Mantova, 1828.

BENTHAM. On the species and genera of plants, considered with reference to their practical application to systematie botany (*The natural history review;* avril 1861, p. 133-151).

BERWALD. Abhandlung vom Geschlecht der Pflanzen und der Befruchtung. Hamburg, 1778.

BLAIR. Botanical essays. London, 1720.

BOCCONE. Museo di Piante rare. Veneziæ, 1697.

BRADLEY. New experiments and observations relating to the generation of plants. London, 1724.

BRAUN (Alexandre). Ueber Polyembryonie und Keimung von *Cœlebogyne*.
— Ueber Parthenogenesis bei Pflanzen (*Mémoires de la classe physique de l'Académie royale des sciences de Berlin*, 1856.
— De la production d'embryons sans fécondation préalable (*Flora*, 1856, n°ˢ 38 et suiv.; *Bull. Soc. bot. Fr.*, III. p. 615).

BRONGNIART (Ad.). Mémoire sur la génération et le développement de l'embryon dans les végétaux phanérogames (*Ann. sc. nat.* 1ʳᵉ série, t. XII, p. 14, 145 et 225).
— Nouvelles recherches sur le pollen et sur les granules spermatiques des végétaux (*Ann. sc. nat.*, 1ʳᵉ série, t. XV, p. 381).
— Observations sur le mode de fécondation des Orchidées et des Cistinées (*Ann. sc. nat.*, 1ʳᵉ série, t. XXIV, p. 113).
— Quelques observations sur la manière dont s'opère la fécondation dans les Asclépiadées (*Ann. sc. nat.*, 1ʳᵉ série, t. XXIV, p. 263).

BROWN (Rob.). A brief account of microscopical observations made in the months of june, july and august 1827, on the particles contained in the pollen of plants; and on the general existence of active molecules in organic and inorganic bodies. London, 1828 ; et *Ann. sc. nat.*, 1ʳᵉ série, t. XIV, p. 341.
— Observations on the organs and mode on fecundation in Orchideæ and Asclepiadeæ. London, 1821.
— On the plurality and development of the embryos in the seeds of Coniferæ. London, 1844.

BUCHOZ. De la génération des plantes. Pont-à-Mousson, 1760.

BUNIVA. De generatione plantarum. Augustæ Taurinorum, 1788.

BURCKARDT. Epistola ad Leibnitzium de caractere plantarum naturali, 1702.

BUREAU (Éd.). Étude sur les genres *Reyesia* et *Monttea* Cl. Gay, et observations sur la tribu des Platycarpées de M. Miers (*Bull. Soc. bot. Fr.*, janvier 1863).

CAMERARIUS. Epistola de sexu Plantarum. *Tubingæ*, 1694.

CAODO. Discorso della irritabilita d'alcuni fiori. 1764.

CASPARY. Ueber Wærmeentwickelung in der Bluethen der *Victoria regia* Lindl. (*Bonplandia*, 1855, nᵒˢ 13 et 14, p. 178-199 ; et *Bull. Soc. bot. Fr.*, II, p. 309).

CÉSALPIN. De Plantis libri XVI. Florentiæ, 1583.

CHATIN. Recherche des rapports entre l'ordre de naissance et l'ordre de déhiscence des étamines (*Bull. Soc. bot. Fr.*, I, p. 279).
— Sur l'anatomie du *Vallisneria spiralis* (*Bull. Soc. bot. Fr.*, I, p. 361).
— Sur les fleurs mâles du *Vallisneria spiralis* L. (*Bull. Soc. bot. Fr.*, II, p. 293).
— Organogénie florale et remarques sur la végétation du *Vallisneria spiralis* (*Bull. Soc. bot. Fr.*, II, p. 377).
— Faits d'anatomie et de physiologie pour servir à l'histoire de l'*Aldrovanda vesiculosa* (*Bull. Soc. bot. Fr.*, V, p. 580).
— Mémoire sur le *Vallisneria spiralis* L., considéré dans son organographie, sa végétation, son organogénie, son anatomie, sa tératologie et sa physiologie. Paris, 1855.

CIENCOWSKI. Sur la fécondation des Conifères. Moscou, 1853.

COBBOLD. Emhryogeny of *Orchis* (*Ann. of Nat. Hist.*, ser. II, vol. V).

COLBIORNSEN. Programma de sexu Plantarum. Hafniæ, 1782.

CORDA. Ueber die Befruchtung der Coniferen. 1835.

COSSON et P. JAMIN. De la culture du Dattier dans les oasis des Ziban (*Bull. Soc. bot. Fr.*, I, p. 37).

CRUEGER (H.). Befruchtung der Orange (*Bot. Zeit.*, 1851, p. 87).
— Zur befruchtungsangehgenheit (*Bot. Zeit.*, 1856, p. 809).

DARWIN. De l'origine des espèces, ou des lois du progrès chez les êtres organisés; traduit par Mˡˡᵉ Royer. Paris, 1862,
— On the various contrivances by which british and foreing Orchids are fertilised by insects. London, 1862.

DE BARY. De Plantarum generatione sexuali. Berolini, 1853.

DECAISNE. Sur le développement de l'ovule du Gui (*Memoires de l'Académie de Bruxelles*, 1845, t. XIII).
— Note sur la stérilité habituelle de quelques espèces (*Bull. Soc. bot. Fr.*, V, p. 155).

DE CANDOLLE (A.-P.). Physiologie végétale. T. II.

DEECKE. Entwickelungsgeschichte des embryo von *Pedicularis*. (*Abhandl. des Gesellschaft zu Halle*, II, p. 657.)

— Entwickelung des Embryo von Stachys. (*Bot. Zeit.*, 1856, p. 121.)

DESVAUX. Mémoire sur le nectaire. (*Ann. Soc. Linn., Paris*, vol. V.)

DON. Sur l'irritation du stigmate du *Pinus Larix*. (*Ann. Sc. nat.*, t. XIII, p. 83.)

DUCHARTRE. Quelques mots sur la fécondation chez la Vallisnérie. (*Bull. Soc. bot. Fr.*, II, p. 289.)

— Note sur le polymorphisme de la fleur chez quelques Orchidées. (*Bull. Soc. bot. Fr.*, IX, p. 113.)

— Sur un cas de grossissement sans fécondation des ovules du *Cycas revoluta*. (*Bull. Soc. bot. Fr.*, IX, p. 531.)

DUJARDIN. Observation au microscope.

DUREAU DE LA MALLE. Observation sur la fécondation du Chanvre (*Ann. Sc. nat.*, 1re série, t. XXV, p. 297).

DURIEU DE MAISONNEUVE. Sur la récolte de l'*Aldrovanda vesiculosa*. (*Bull. Soc. bot. Fr.*, VI, p. 399.)

EHRENBERG. Ueber das Pollen der Asklepiadeen. Ein Beitrag zur Auflösung der Anomalien in der Pflanzenbefruchtung. Berlin, 1831.)

ENDLICHER. Grundzuge einer neuen Theorie der Pflanzenzeugung. Wien, 1838.

ERNSTING. Historische und physikalische Beschreibung der Geschlechter der Pflanzen. Lemgo, 1762.

FERMOND. Recherches sur les fécondations réciproques de quelques végétaux. (*Bull. Soc. bot. Fr.*, II, p. 748, 760)

— Faits pour servir à l'histoire générale de la fécondation dans les végétaux. (*Recueil des travaux de la Société d'émulation pour les sciences pharmaceutiques*, t. III, 1859.)

FRITZSCHE. Beiträge zur Kenntniss der Pollen. Berlin, 1832.

— Ueber das Pollen. Petersburg, 1833. (*Mémoires de l'Académie impériale de Saint-Pétersbourg*, t. II.)

— De plantarum polline. Berolini, 1835.

— Die entwickelung der unbefruchteten ovula bei *Cucumis sativus*. (*Wiegmann's archiv.*, 1835.)

GÆRTNER (Joseph). De fructibus et seminibus plantarum. Stuttgartiæ et Lipsiæ, p. 788; 1807.

GÆRTNER (Karl-Friedrich). Beiträge zur Kenntniss der Befruchtung. Stuttgart, 1844.

— Notice sur des expériences concernant la fécondation de
quelques végétaux (*Ann. sc. nat.*, 1re série, t. X, p. 113).

— Recherches sur la fécondation dans les végétaux phanérogames (*Ann. sc. nat.*, 3e série, IV, p. 5).

GASPARRINI. Ricerche sulla natura del caprifico e del fico e sulla
caprificazione. Napoli, 1845.

— Ricerche sulla embriogenia delle Canape (*Comptes rendus
de l'Académie royale des sciences physiques et mathématiques de Naples*, 1er fascicule, mai 1862).

GELESNOW. Bildung der Embryo und Sexualität der Pflanzen
(*Bot Zeit.*, 1843, p. 841).

— De l'embryon du Mélèze (*Ann. sc. nat.*, 1850).

GEOFFROI. Voy. *Mémoires de l'Acad. des sciences de Paris*, 1811.

GIRAUD. Sur la structure et les fonctions du pollen (*Ann. sc. nat.*,
2e série, t. XIV, p. 164).

— Embryogeny von *Tropæolum majus* (*Trans. of the Linn.
Soc.*, XIX).

GIROU DE BUZAREINGUES. Expériences sur la génération des
plantes (*Ann. sc. nat.*, 1re série, t. XXIV, p. 138; t. XXX,
p. 398).

— Mémoire sur le rapport des sexes dans le règne végétal
(*Ann. sc. nat.*, 1re série, t. XXIV, p. 156).

GLEICHEN. Das neuste aus dem Reiche der Pflanzen oder mikroscopische Untersuchungen und Beobachtungen der geheimen
Zeugungstheile der Pflanzen (Nürnberg, 1764).

GMELIN (J.-F.). Irritabilitas vegetalium, etc. Tubingæ, 1768.

GODRON. De la fécondation naturelle et artificielle des *Ægilops*
par les *Triticum* (*Ann. sc. nat.*, 4e série, t. II, p. 215).

— De l'*Ægilops triticoides* et de ses différentes formes (*Ann.
sc. nat.*, 4e série, t. V, p. 74).

GOEPPERT. Sur l'irritabilité des étamines du *Berberis* (*Linnæa*,
1828; et *Ann. sc. nat.*, XV, p. 69).

GOTTSCHE. Ueber *Macrozamia Preissii* (*Bot. Zeit.*, 1845, p. 377).

GREW. The anatomy of plants, 1682.

GRIFFITH. Sur le développement de l'ovule du *Santalum*, du
Loranthus et du *Viscum* (*Ann. sc. nat.*, 2e série, t. XI,
p. 99; traduit des *Trans. of the Linn. Soc.*, t. XVIII).

—   On the development of the ovule of *Avicennia* (*Trans. of the Linn. Soc.*, 1846).

—   Befruchtung von *Dishidia* (*Bot. Zeit.*, 1853).

GROENLAND (et L. DE VILMORIN). Note sur l'hybridation du genre *Ægilops* (*Bull. Soc. bot. Fr.*, III, p. 693).

—   Sur les hybrides entre les *Ægilops* et les *Triticum* (*Bull. Soc. bot. Fr.*, V, p. 364 ; et *Jahrbuecher fur Wissensch. bot.*, I, 2ᵉ cahier, 1858, p. 514-530, pl. xxx).

GUILLEMIN. Du Pollen (*Ann. sc. nat.*, 1ʳᵉ séric, t. IV, p. 352).

HARTIG. Neue theorie der Befruchtung der Pflantzen. Braunschweig, 1842.

—   Beitræge zur Entwickelungsgeschichte der Pflanzen. Berlin, 1843.

HEBENSTREIT. De fœtu vegetabili. Lipsiæ, 1742.

HELLER. Organa plantarum functioni sexuali inservientia. Wirceburgi, 1800.

HENFREY. On the development of ovule of *Orchis Morio* (*Trans. of the Linn. Soc.* XVI, p. 152).

—   On the development of ovule of *Santalum album*, with some remarks on the phænomena of impregnation generally (*Trans. of the Linn. Soc.* vol. XXII, p. 369-79, pl. 17-18; voyez aussi *Gardeners'chronicle*, 12 mars 1856; *Repert. of the british association* 1856; et *Bull. Soc. bot. Fr.* 111, p.124, 713).

HENSCHEL. Von den sexualitæt der Pflanzen. Breslau, 1820.

HERNANDEZ. Nuevo discurso de la generacion de plantas. Madrid, 1767.

HILAIRE (A. DE SAINT-). Mémoire sur les plantes auxquelles on attribue un placenta central libre, et sur la nouvelle famille des Paronychiées. Paris, 1816.

—   Leçons de morphologie végétale.

HILL. Outlines of a system of vegetable generacion. London, 1758.

HOFMEISTER. Befruchtung der OEnotheren (*Bot. Zeit.*, 1847, p. 785, et *Ann. sc. nat.*, 1ʳᵉ séric, t. XL, p. 65).

—   Die Entstehung des Embryo des Phanerogamen. Leipzig, 1849

—   Zur Entwickelungsgeschichte des *Zostera* (*Bot. Zeit.*, 1852, p. 121).

—   Vergleichende Untersuchungen der Keimung, Entfaltung

and Fruchtbildung hoherer Kryptogamen und der Samenbildung der Coniferen. Leipzig, 1851.

— Befrunchtung der Coniferen (*Flora*, 1854, p. 530).

— Embryologisches (*Flora*, 7 mai 1855, n° 17, p. 257-266; *Bull. Soc. bot. Fr.*, II, p. 323).

— Nenere Beobachtungen über die Embryobildung der Phanerogamen (Pringsheim's journal, Bd. 1, p. 82-86).

— Zur Uebersicht der Geschichte von der Lehre der Pflanzenbefruchtung (*Flora*, 1857, p. 119).

— Uebersicht neuer Beobachtungen der Befruchtung (*Bericht der Sæchs. Gesellsch. der wissensch.*, 1856).

— Neue Beitræge zur Kenntniss der Embryobildung der Phanerogamen, 1, Dikotyledonen, Leipzig, 1850; traduit partiellement dans *Ann. sc. nat.*, 4ᵉ série, t. XII, p. 1; II, Monokotyledonen, Leipzig, 1861.

HOOKER (J.-D.) Sur la possibilité de féconder des ovules après l'enlèvement du stigmate (*Bull. Soc. bot. Fr.*, 1., p. 249).

— On the fonctions and structure of the rostellum of *Listera ovata* (*Phil. Trans.* 1854, p. 259-263, pl. 1; *Ann. sc. nat.* 4ᵉ série, 111, 1855, p. 85-90, pl. 1; et *Bull. Soc. bot. Fr.* 11, p. 694).

HORKEL. Historische Darstellung von der Lehre von den Pollenschlauchen (*Monastb. der Berl. Ahademie*, 1836).

JORDAN (Alexis). Mémoire sur l'*Ægilops triticoides* et sur les questions d'hybridité, de variabilité spécifique qui se rattachent à l'histoire de cette plante (*Ann. sc. nat.*, 4ᵉ série, IV, 1855, p. 295-361; *Bull. Soc. bot. Fr.*, 111, p. 627).

— Nouveau mémoire sur la question relative aux *Ægilops triticoides* et *speltæformis* (*Ann. soc. Linn. de Lyon*, nouv. sér., t. IV, 1857).

JUSSIEU (Antoine de). Dissertatio de analogia inter plantas et animalia. Londini, 1721.

KABSCH. Anat. und physiol. Beobachtungen über die Reizbarkeit der Geschlechtsorgane (*Bot. Zeit.* 1861, nᵒˢ 54 et 55).

KALL. De duplici plantarum sexu Arabibus cognito. Hafniæ, 1782-83.

KALM. De fecundatione plantarum. Aboæ, 1757.

KARSTEN. Entwickelungsgeschichte der Loranthaceen (*Bot. Zeit.*, 1852, p. 310).

— Organographische Betrachthung der *Zamia muricata*. Ein Beitrag zur Kentnniss der Organisations-Verhaltniss der Cycadeen ud deren Stellung im naturlichen systeme (Abhandl. der K. Preuss. Akad. der Wissensch. zu Berlin, 1856, n° 4, p. 193-219, pl. 1, 111; *Bull. Soc. bot. Fr.* IV, 953).

— Das Geschlechtsleben der Pflanzen und die Parthenogenesis. Berlin, 1860 (*Ann. sc. nat.* 4ᵉ série, t. xiii, p. 252).

KLOTZSCH. Ueber die Nutzanwendung der Pflanzen-Bastarde und Mischlige (*Monastb. der K. Pr. Akad. der Wissench. zu Berlin*, 1854, 535-562).

KOELREUTER. Vorlæufige nachricht von Versuchen und Beobachtungen ueber das Geschlecht der Pflanzen. Leipzig, 1761-1766.

— Expériences sur l'hybridation (*Journal de physique de l'abbé Rozier*, t. XXI, 1782, p. 785).

KNORR. Die Entstehung des Embryo (*Bot. Zeit.*, 1846, p. 173).

KROYER. De sexualitate plantarum ante Linnœum cognita. Hafniæ, 1761.

LACROIX. Connubia florum latino carmine demonstrata. Paris 1718.

LECOQ. Recherches sur la reproduction des végétaux. Clermont-Ferrand, 1827.

— De la fécondation naturelle et artificielle des végétaux, et de l'hydridation, etc., Paris, 2ᵉ éd. 1862.

— De la génération alternante dans les végétaux, et de la production de semences fertiles sans fécondation (*Bull. Soc. bot. Fr.*, III, 653).

LESKE. Dé generatione vegetabilium. Lipsiæ, 1773.

LINNÉ De nuptiis et sexu plantarum. Upsaliæ, 1821.

— Fundamenta botanica.

— Sponsalia plantarum. Stockolm, 1746. etc., etc.

LOGAN. Experimenta et meletemata de plantarum generatione. Lugduni Batavorum, 1739.

LUGWIG. De pulvere antherarum. Lipsiæ, 1778.

MARTI. Experimenta y observaciones sobre los sexos y fecundation de las plantas. Barcelona, 1791.

MAUZ. Versuchen und Beobachtungen über das Geschlechte der Planzen. Bremen 1822.

MÉNIÈRE. Note sur la fécondation des Orchidées (*Bull. Soc. bot. Fr.*, I, p. 285).

MEYEN. Neues System der Pflanzenphysiologie, III, 1830.

— Ueber den Befruchtungsact und die Polyembryonic. Berlin, 1840, et *Ann. sc. nat.*, 2ᵉ série, t. XV, p. 212.

MIRBEL. Recherches sur l'ovule végétal. 1828-1830.

— Sur le *Marchantia.*

— Examen critique d'un passage du mémoire de M. H. v. Mohl sur la structure et les formes du grain de pollen (*Ann. sc. nat*, 2ᵉ série, t. IV, p. 5).

MIRBEL ET SPACH. *Zea Mays* (*Ann. sc. nat.*, 1839).

MOHL (HUGO VON). Sur la structure et les formes des grains de pollen, par Hugo v. Mohl (*Ann. sc. nat.*, 2ᵉ sér., t. III, 148, 304).

— Entwcikelung des Embryo von *Orchis Morio* (*Bot. Zeit.* 1847, p. 465 ; *Ann. sc. nat.* 3ᵉ série, t. IX).

— Der vorgebliche entscheidende Sieg der Schleiden'schen Befruchtunzgslehre (*Bot. Zeit.*, Iᵉʳ Juin 1855, nᵒ 22, p. 385-388 ; et *Bull. Soc. bot. Fr.* II, p. 324 ; *Ann. sc. nat.* 2ᵉ série, t. III, p. 219).

MORLAND (Samuel). voy. *Acta eruditorum*, 1703, p. 275 ; et *Trans. phil.*, 1703, nᵒ 287.

MORETTI. Della fecondazione della piante, Milano, 1830.

MUELLER (H.). Entwickelung das Pflanzenembryo (*Bot. Zeit.*, 1847, p. 737).

MUSTEL. Traité de la végétation. Paris et Rouen, 1781-84.

NÆGELI. Zur Entwickelungsgeschichte des Pollen. Zurich, 1842.

NAUDIN. Observations concernant les plantes hybrides qui sont cultivées au Museum. (*Ann. sc. nat*, 4ᵉ série, t. IX, p. 257).

NEEDHAM. Observations upon the generation, composition aud decomposition of animal and vegetable substances. London, 1749.

OELREICH. Generatio æquivoca ut absona demonstrata. Londini Gothorum, 1739).

PARLATORE. Note sur le *Vallisneria spiralis* (*Bull. Soc. bot. Fr.*, II, p. 299).

PERROTTET. Note sur la fécondation artificielle du Dattier (*Bull. Soc. bot. Fr.*, I, p. 289).

PINEAU. Sur la formation de l'embryon chez les Conifères (*Ann. sc. nat.*, 3ᵉ série, t. XI).

PLANCHON. Considérations sur les ovules de quelques Véroniques et de l'*Avicennia.* Montpellier, 1844.

PONTEDERA. Anthologia, sive de floris natura libri tres, plurimis inventis observationibusque ac æneis tabulis ornati. 1720.

RADLKOFER (Ludwig). Die Befruchtung der Phanerogamen; ein Beitrag zur Entscheidung des darueber bestehenden Streites. Leipzig, 1856; et *Bull. Soc. bot. Fr.,* III, p. 213.

— Der Befruchtungsprocess in Pflanzenreiche und sein Verhæltniss zu dem im Thierreiche. Leipzig, 1857, et *Bull. Soc. bot. Fr.,* IV, p. 218.

— Ueber die wahre Parthenogenesis bei Pflanzen (*Zeitschr. fur wissensch. Zool.* de Th. v. Siebold et Kölliker, VIII, 4ᵉ cahier, 1857 ; *Bonplandia* du 1ᵉʳ juillet 1857, n° 12, p. 177-280 ; *Ann. sc. nat.,* 4ᵉ série, t. VIII, p. 247, et *Bull. Soc. bot. Fr.,* IV, p. 824).

— Ueber das Verhæltniss der Parthenogenesis in den anderen Fortpflanzungsgarten. Leipzig, 1858.

RAY. Historia plantarum. 1686.

— Sylloge stirpium extra Britannias nascentium. 1694.

REGEL. Der Werwandlung von *Ægilops ovata* in Weizen (*Bonplandia,* 1854, p. 286-293).

— Der kunstlich erzogene Bastard zwischen *Ægilops ovata* und *Triticum vulgare* (*Gartenflora,* juin 1857, p. 163-168, et *Bull. Soc. bot. Fr.,* t. V, p. 528).

RICHARD (L.-C.). Mémoire sur les Hydrocharidées (*Mémoires de l'Institut,,* 1811, 2ᵉ partie, *Paris,* 1814).

RICHARD (Ach.). Nouveaux éléments de botanique.

ROBERG. Plantarum generatio leviter adumbrata. 1735.

ROBIN (Ch.). Mémoire sur l'existence d'un œuf ou ovule, chez les mâles comme chez les femelles des végétaux et des animaux, produisant, l'un les spermatozoïdes, ou les grains de pollen, l'autre les cellules primitives de l'embryon (*Comptes rendus,* 1848, II, p. 421).

ROEPER. De organis plantarum. Basileæ, 1828.

ROSSI. Historia de cio' che estato pensato intorno alla fecondazione della piante. Verona.

ROTHERAM. The sexes of plants vindicated. Edimburgh, 1740.

SAGERET. Considérations sur la production des hybrides, etc.; (*Ann. sc. nat.,* 1ʳᵉ série, t. VIII, p. 294).

SANDERSON. On the embryogyny of *Hippuris* (*Ann. and. Mag. of nat. hist.* 1850).

SCHACHT. Entwickelungsgeschichte des Planzenembryo. Amsterdam, 1850.

— Sur l'organisation du Pollen des Conifères (*Beitræge zur*

Anatomy und Phys. des Gew.; Berlin, 1854; et *Bull. Soc. bot. Fr.* I, p. 333).

— Ueber die Enstehung des Pflanzenkeims (*Flora*, 1855, n°s 10 et 11, p. 145-158, 161-170, pl. II; et *Bull. Soc. bot. Fr.*, II, p. 321).

— Ueber die Befruchtung von *Pedicularis sylvatica* (*Flora*, 1855, p. 449; et *Bull. Soc. bot. Fr.*, II, p. 789).

— Ueber die Enstehung der Keimes von *Tropœolum majus* (*Bot. Zeit.*, 1855, n° 37, p. 641).

— Einige Worte über die Befruchtung von *Gladiolus* (*Monast. der Berl. Akad.*, 22 mars 1856).

— Der Vorgang der Befruchtung bei *Gladiolus segetum* (*Monast. der Berl. Akad.*, mai 1856, p. 266-279, pl. I et II; *Bull. Soc. bot. Fr.*, III, p. 45).

SCHACHT. Ueber die Befructungs-Erscheinungen bei *Phormium tenax* (*Monast. der Berl. Akad.* déc. 1857, p. 576-585; *Ann. Sc. nat.*, 2e série, t. VIII, p. 275; *Bull. Soc. Bot. Fr.* IV, p. 1041).

— Ueber Pflanzensbefruchtung (Pringsheim's journ., Bd. I, p. 193-231).

— Neue Untersuchungen ueber die Befruchtung von *Gladiolus Segetum* (*Bot. Zeit.*, 1858, n° 7, 15 janvier, p. 21-28; *Ann. Sc. nat.*, 2e série, vol. VIII, p. 349).

SCHAUER. Zusammenstellung aller über die Befruchtungsweise der Asklepiadeen aufgestellten Theorien (*R. Br. vermischte Schriften*, 1834).

SCHELGESNOW. Voy. *Bull. de Moscou*, 1834.

SCHELVER. Kritik der Lehre von den Geschlechtern der Pflanzen. Heidelberg, 1842.

SCHIERA. Dissertatio de Plantarum sexu et fecundatione. Mediolani, 1750.

SCHLEIDEN. Ueber die Entstehung des Embryo von Phanerogamen (*Nova acta L. C. nat. cur.*, c. XIX).

— Beiträge zur Phytogenesis.

— Die neuern Einwürfe gegen meine Lehre von den Befruchtung. *Leipzig*, 1844.

— Historische Berichtigung (*Bot. Zeit.*, 1845, p. 73).

— Ueber Amici's letzten Beitrag zur Lehre von der Befruchtung (*Flora*, 1845, p. 593).

SCHUEBLER. Ueber die Beziehung der Nektarien zur Befruchtung und Samenbildung der Gewæchse. *Tubingen*, 1833.

SOYER-WILLEMET. Mémoire sur le nectaire. Paris, 1826.

SPRENGEL. Dar entdeckte Geheimniss der Befruchtung. Berlin, 1793.

STIEFF. De vita nuptiisque Plantarum. Lipsiæ, 1741.

STURM (Johann Cristoph). Σκιαγραφία. Altdorf, 1687.

TARGIONI-TOZZETTI. Della necessita di osservare le parti della fruttificazione. Modena, 1825.

TREVIRANUS. Ueber den Bau der Befruchtungstheile der Gewæchse (*Zeitschr. f. Phys.* Bd. 11).

— De ovulo vegetabili. Vratislaviæ, 1828.

— Von der Entwickelung des Embryo. Berlin, 1815.

— Die Lehre von Geschlechte der Pflanzen (Bremen, 1822).

— Fernere Beobachtungen über Verkummern der Blumenkrone und die wirkungen davon (*Verkhandl. des Naturhist. Vereines der Preuss. Rheinlande und Westphalens* 1857, 11e année, p. 131-139 ; *Bull. Soc. bot.*, t: V, p. 178).

UNGER. Ueber merismatische Zellenbildung bei der Entwickelung des Pollens, 1844.

— Entstehung des Embryo von *Hippuris*.

VAILLANT (Séb.). Sermo de structura florum. Paris, 1718.

WALDSCHMIEDT. De sexus ejusdem plantæ genuinæ. Kilio, 1705.

WALLN. Γάμος φυτῶν, sive nuptiæ arborum.

WEDDEL. Mémoire sur le *Cynomorium coccineum* (*Arch. du Mus.*, t. X).

— Description d'un cas remarquable d'hybridité entre des Orchidées de genres différents (*Ann. sc. nat.*, 1re série, t. XVIII, p. 5).

WILSON. On the embryo of *Tropæolum majus* (*Bot. Zeit.*, 1849, p. 329; *Lond. Journ. of. bot.*, vol. XI, 1843).

WOGEL. Theoria generationis. Halæ, 1759.

ZALUZIANSKI. Methodi herbariæ libri tres. Pragæ, 1592.

ZETTERSTEDT. De fecundatione plantarum. Lundæ, 1810-12.

FIN.

EXPLICATION DES PLANCHES.

—

Planche I.

Fécondation des Conifères (*Pinus, Abies, Picea*), d'après Schacht.

Fig. 1. Grain pollinique avant l'émission du boyau. — 1. Exhymé-nine; 2. endhyménine; 3. cellule-fille principale.

Fig. 2. Grain pollinique après l'émission du boyau, formé par la cellule-fille principale.

Fig. 3. Pollen germant à la surface du nucelle. — 1. Tissu du nu-celle; 2. sac embryonnaire; 3. vésicule embryonnaire (corpuscule) revêtue de son épithélium; 4. cellules for-mant la rosette; 5. cellule embryonnaire au moment de la fécondation; 5. cellule embryonnaire fécondée, tom-bée au fond de la vésicule; 7. extrémité du boyau pol-linique.

Fig. 4. 2. Sac embryonnaire; 3. vésicule embryonnaire; 4. ro-sette; 6. cellule embryonnaire divisée en quatre; 7. pre-mier état du suspenseur; 8. embryon naissant.

Planche II.

Fig. 1. Pollen de l'*Araucaria brasiliensis*, émettant ses ramifica-tions en dehors du micropyle, d'après Schacht.— 1. Tissu du nucelle; 2. sac embryonnaire; 3. corpuscules; 4. tu-bes polliniques.

Fig. 2. Extrêmité supérieure du sac embryonnaire chez le *Gla-diolus Segetum*. — 1. Paroi supérieure épaissie du sac embryonnaire; 2. cellules embryonnaires; 3. appareil filamenteux.

Fig. 3. Les vésicules du *Watsonia* engagées dans le canal micro-pylaire, en contact avec un tube pollinique. — 1. Extré-

mité supérieure des vésicules munies de l'appareil filamenteux ; 2. tube pollinique ; 3. partie inférieure de la
vésicule où l'embryon se formera.

Fig. 4. Vésicules du *Gladiolus Segetum* après la fécondation. —
1. Paroi du sac embryonnaire ; 2. appareil filamenteux
qui commence à disparaître ; 3. vésicules.

Fig. 5. Ovule du *Galeopsis versicolor* après la fécondation. —
1. Tissu de l'ovule ; 2. sac embryonnaire ; 3. dilatation
supérieure du sac ; 4. dilatation inférieure ou chalazique ;
4. suspenseur ; 6. embryon.

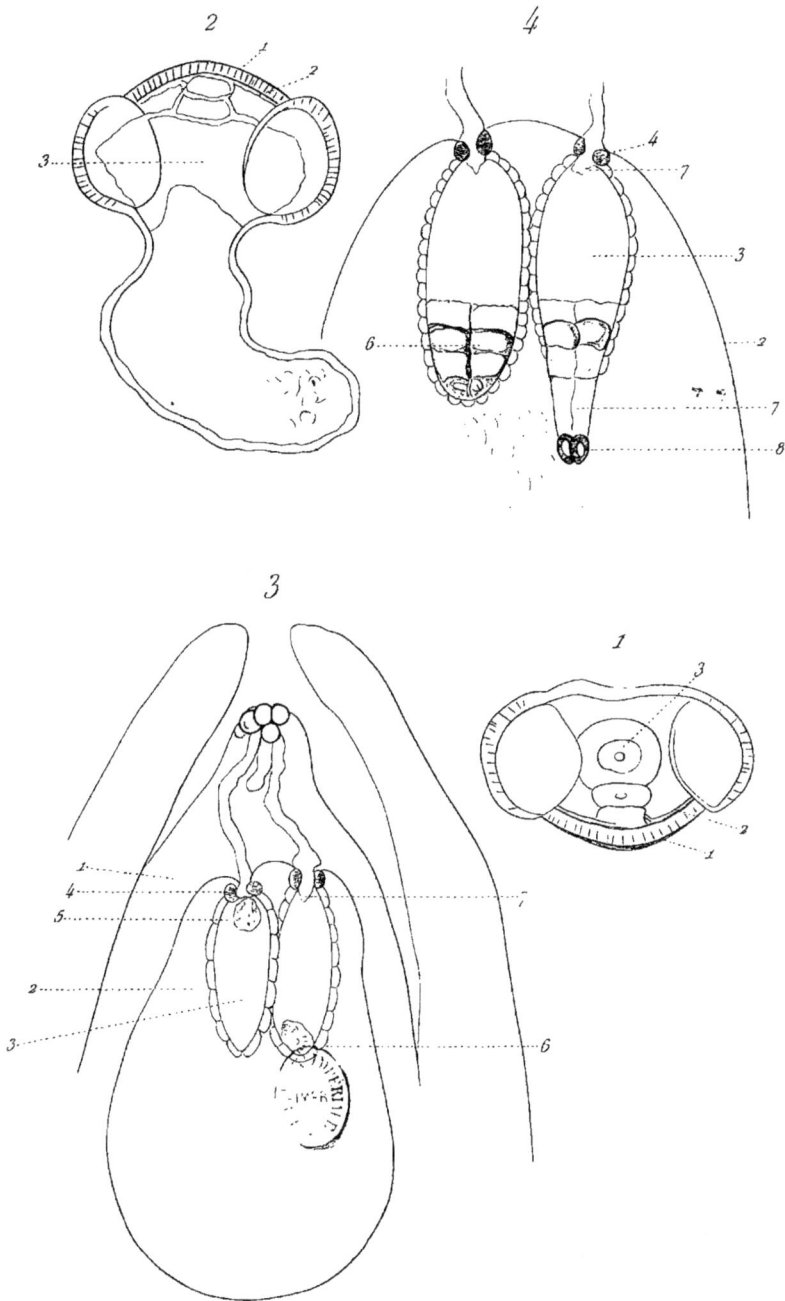

F. Fournier del.

Duménil sc.

Fécondation des Conifères.

Paris. Imp. Gény-Gros r. St Jacques, 33.

)

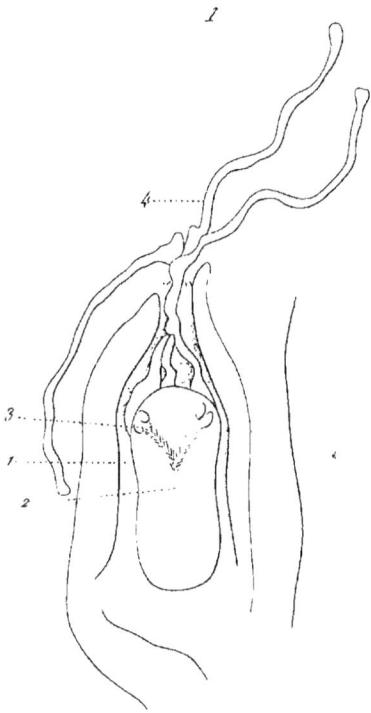

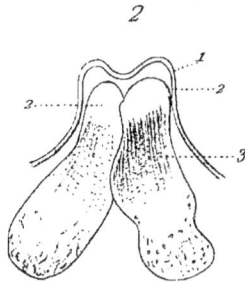

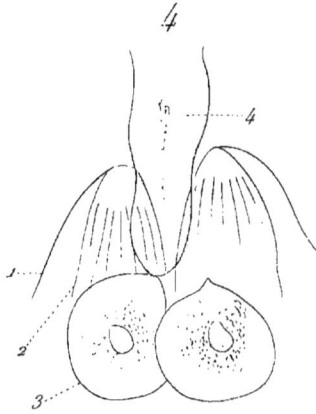

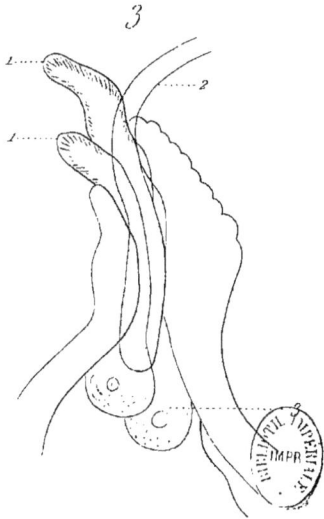

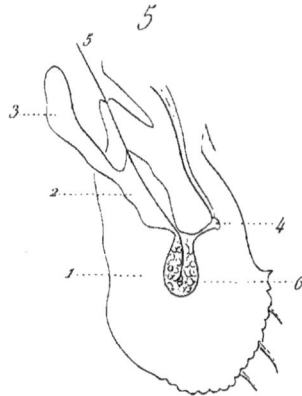

E. Fournier del.

Duménil sc.

www.ingramcontent.com/pod-product-compliance
Lightning Source LLC
Chambersburg PA
CBHW050114210326

41519CB00015BA/3952